JN135445

Hiroaki Ohno
Tsukasa Enomoto

星を楽しむ

天体望遠鏡の使いかた

大野裕明　榎本 司

月、星、惑星、星雲・星団、
見たい天体の見方がわかる

はじめに

　私は、福島県田村市にある星の村天文台の台長をしています。最初に星に興味を持ったのは、小学生のころです。それからこれまで、どのくらいたくさんの星空を眺めてきたことでしょう。それでもいまだに、夜空にきらびやかに輝く星ぼしを見たとき、あまりの美しさに息を呑むことがあるのです。

　その無数に輝く星の中には、私も小さいころに憧れ、むさぼるように天体望遠鏡にかじりついて見た、美しい環を持つ土星や、縞模様があり4つの衛星をしたがえた木星などもあります。

　それでは、たくさんある夜空の星ぼしの中、いったいどの星が土星と木星でしょうか？ 目で眺めただけでは、どれもただの光の点です。

「あの明るく輝いている星を、大きく拡大して見てみたいな」

誰もがこう思うに違いありません。そこで登場するのが天体望遠鏡です。

　昔もこのように思った人たちはたくさんいました。中でもイタリアの天文学者であるガリレオ・ガリレイは、同じ想いから天体望遠鏡を自ら製作して観測を行ない、さまざまな天体を見つめてきました。

　そしてもう一人、彗星発見者として有名なフランスのシャルル・メシエは、天体望遠鏡を使っていくつかの彗星を発見しました。しかし観測していると、彗星によく似た星雲や星団がたくさんあって紛らわしいので、これらの星雲・星団を「メシエカタログ」としてまとめました。天体の位置が描かれた「星図」には、「メシエ天体」としてシャルル・メシエの頭文字を取りM1〜M110までが存在しています。

これも天体望遠鏡がなければできなかった偉業です。

そして現代では、より高性能な天体望遠鏡を目指し、ときには建物の大きさを超えた巨大な天体望遠鏡を作り、また宇宙空間に望遠鏡をロケットで打ち上げて、多くの天体観測を行なっています。

いつの時代も、星の世界へ私たちを誘ってくれる天体望遠鏡。では、今あなたが星を観察するために天体望遠鏡を買うとしたら、どのような天体望遠鏡がよいでしょう？ 急に聞かれてもいろいろな形や値段のものがあって、迷ってしまうと思います。

本書では、これから望遠鏡で星を眺めてみたいという方の参考になるように、まずは天体望遠鏡の種類と基本を紹介します。組み立て方や調整の仕方もできるだけ丁寧に、写真や図も使って解説しました。また、手に入れたあとにどのように扱えばよいのか、そのポイントもお伝えします。せっかく天体望遠鏡を購入するなら、思う存分活用して、星の世界をのぞいてみましょう。

なお、この『星を楽しむ』シリーズではこれから、「星空写真の写しかた」、「双眼鏡で星空観察」、「天体観測のきほん」、「星座の見つけかた」など、星の楽しみかたを数冊にわたってご紹介していく予定です。そちらも楽しみにしていてください。

2019年7月

星の村天文台長　大野裕明

CONTENTS

第2章　天体望遠鏡を使ってみよう

第3章　天体望遠鏡を使った観察と撮影

第1章

天体望遠鏡について知ろう

いろいろな天体望遠鏡と各部の名称

　星や惑星をはじめとするいろいろな天体を、より大きく詳細に、そして多くの暗い星を観測するために作られた天体望遠鏡には、いろいろな形状なも

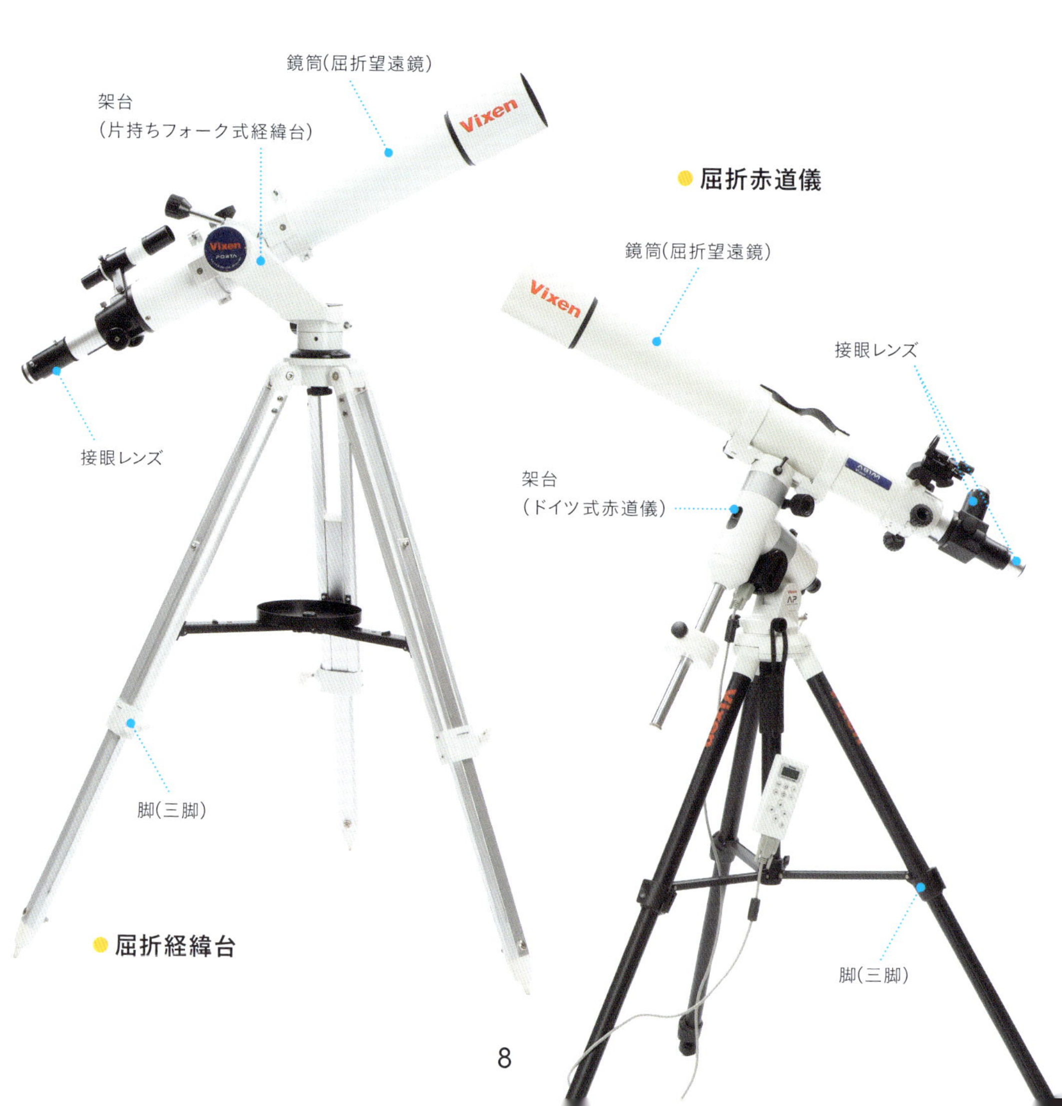

のがあり、それぞれ観測できる対象が異なります。どの天体望遠鏡も、鏡筒、接眼レンズ、架台、脚という4つの部分で構成されていますが、これらの組み合わせで、天体望遠鏡の特徴や性能、操作が簡単なものから複雑なもの、観測の得意・不得意、そして天体望遠鏡の価格が決まります。ここでは、簡単に各部分の役割を説明しましょう。

代表的な天体望遠鏡として、天体の光を集めるためにレンズを使うタイプの鏡筒を屈折望遠鏡といいます。レンズの代わりに凹面鏡（反射鏡）で天体の光を集める鏡筒を反射望遠鏡、そしてレンズと反射鏡の両方を使うカタディオプトリック式望遠鏡があります。

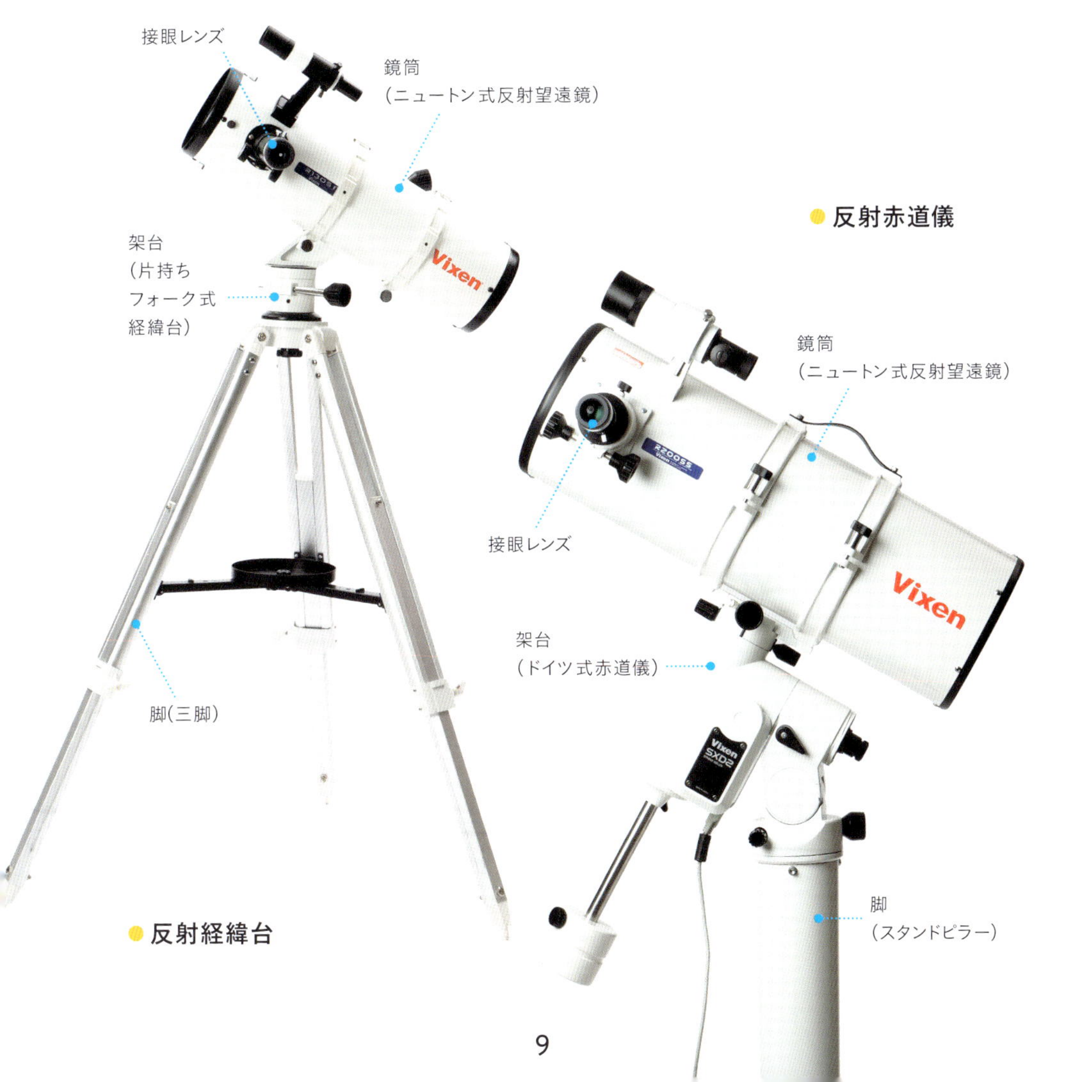

鏡筒

レンズや反射鏡が収められた円筒部分を「鏡筒」といいます。筒先から鏡筒の中を見ると、レンズや反射鏡が入っているのが見えます。

接眼レンズ

天体望遠鏡は、鏡筒に収められている大きな対物レンズや反射鏡(凹面鏡)が、天体望遠鏡ののぞき口付近に天体の小さな像を結びます。この小さな像を拡大して見るために「接眼レンズ」を使います。ちょうど、小さな昆虫を虫めがねで拡大して見るのと同じです。接眼レンズは「アイピース」ともよ

カタディオプトリック VC200L

大口径ながら外観は鏡筒が短く軽そうに見えます。眼視と撮影に対応する鏡筒です。クリアな視界と中心像がシャープで長焦点のために高倍率が得られます。そのため惑星観測には最適です。

鏡筒(カタディオプトリック)

接眼レンズ

脚(スタンドピラー)

シュミットカセグレン式(C8)

GOTO架台に載せられたこの光学系の望遠鏡は惑星観測には最適です。

ばれます。

架台

鏡筒を支えている装置を「架台」といいます。見たい天体に鏡筒を向けるための装置です。また、天体の位置を測定する役割も持っています。天体を精度よく測定するために精密で頑丈に作られています。

脚

精密に作られている架台と鏡筒をがっちり地面に固定させる部分です。三脚や鉄柱のような形状のものがあります。架台と同様に頑丈に作られています。

● 公共天文台の望遠鏡

大勢の人に天体の美しさを見ていただこうと全国各地に公共の天文台があり、夜間公開も開催されています。写真は、福島県田村市の「星の村天文台」の望遠鏡で、口径65cm反射望遠鏡です。

● 反射式ドブソニアン式架台

大口径の反射望遠鏡を上下水平の架台に取り付けたものです。大口径望遠鏡は市販もされていますが、ときには自作できると天文ファンを楽しませてくれています。

鏡筒のいろいろ

屈折望遠鏡

天体からの光を集めるためのレンズが筒先に取り付けられ、筒先の大きなレンズで星の像を結ばせた像を接眼レンズで拡大して見る天体望遠鏡を「屈折望遠鏡」といいます。屈折望遠鏡の光学系には、接眼レンズに凹レンズを使ったガリレオ式望遠鏡と、凸レンズを使ったケプラー式の望遠鏡があります。ガリレオ式は見ているものがそのままの向きで見えますが、ケプラー式は像の上下が逆になって見えます（倒立像）。天体望遠鏡はケプラー式なので、像の上下が逆になります。屈折望遠鏡は取り扱いが楽なので、初心者向きの望遠鏡ともいわれています。屈折望遠鏡が市販された当初は焦点距離が長く鏡筒が長いものが主流でしたが、近年は短焦点化されています。また、補正レンズがあらかじめ鏡筒内に取り付けられているものもあります。

下は、屈折望遠鏡の鏡筒、右はその断面図です。対物レンズを通った光は、天体望遠鏡ののぞき口のあたりに星の像を結びます。対物レンズは金枠に収められていますが、この金枠のことを「セル（鏡室）」といいます。セルの内側の直径が屈折望遠鏡の「有効口径」になります。

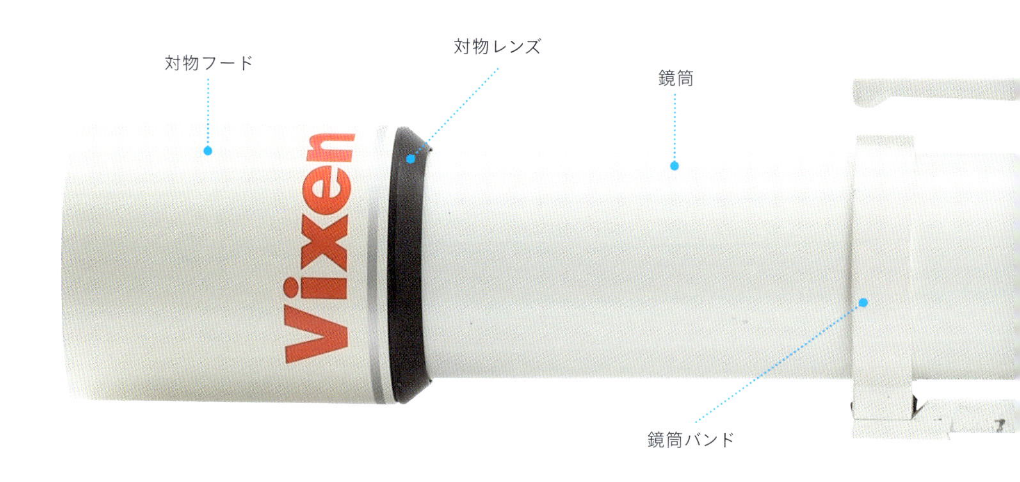

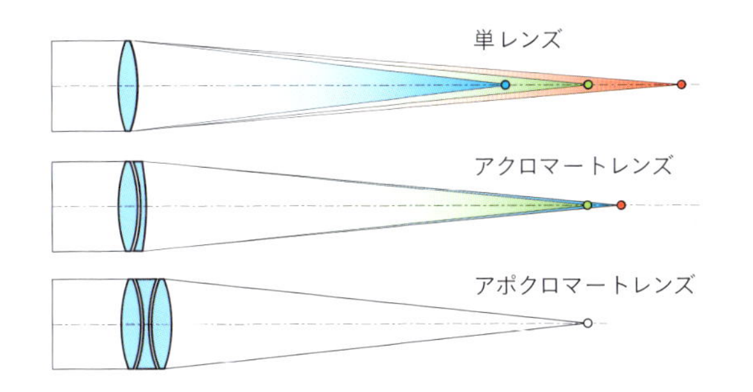

色収差

ガラスの屈折率は光の色(波長)により異なる性質があるため、図のように凸レンズに白色光を通すと焦点を一点には結びません。それぞれの色によって異なる位置に焦点を結びます。この色ズレを色収差といいます。

対物レンズの種類

天体からの光のそれぞれの波長が焦点を一点に結んで、星がシャープに見えるように工夫されたのが「色消しレンズ」とよばれる対物レンズです。図のように凸レンズと凹レンズに性質の異なる光学ガラスを使用して、青と赤の光の焦点の位置が一致するように作られたレンズで、それぞれ名称があります。凸レンズと凹レンズでたいていの場合は2〜3枚で組み合わせています。慣れないうちは分解してはいけません。

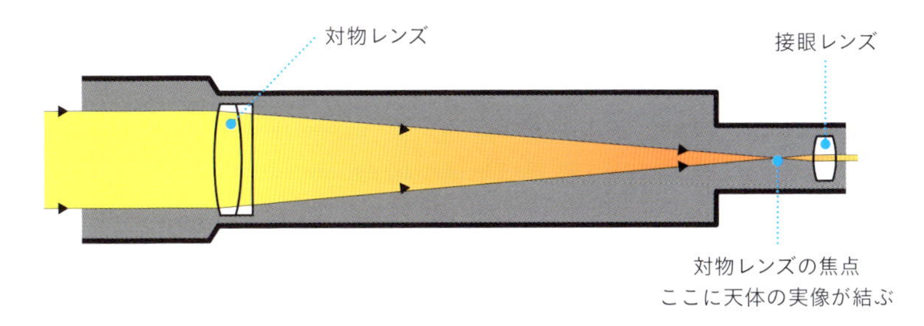

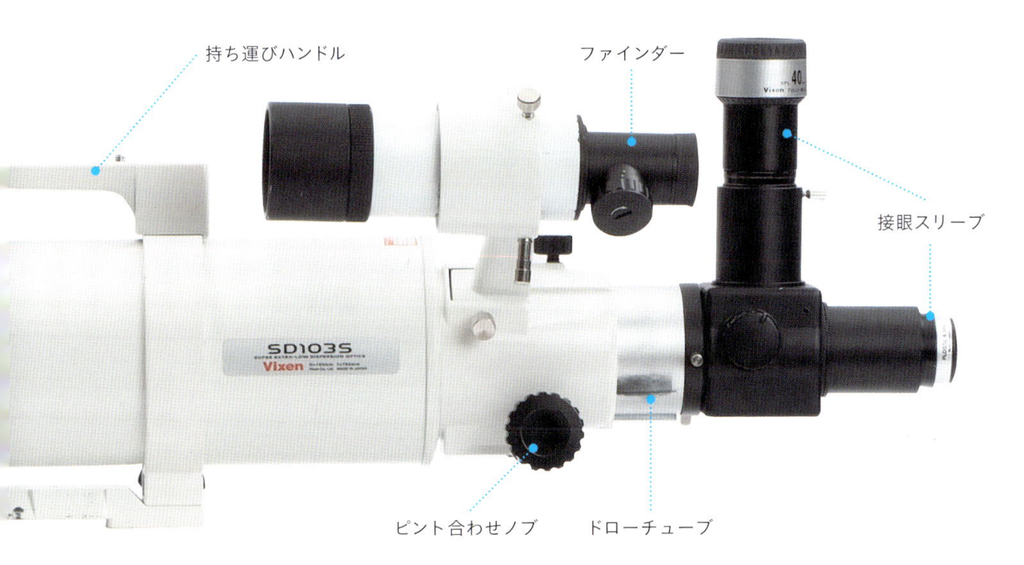

反射望遠鏡

反射鏡で星の光を集めた光を接眼レンズで拡大して見る望遠鏡を「反射望遠鏡」といいます。鏡筒の後部には大きな凹面鏡「主鏡」が取り付けてあり、主鏡で集めた光を平面鏡の「斜鏡」で鏡筒の外へ導きます。一般的な反射望遠鏡はニュートン式とよばれます。

また、凹面の主鏡と凸面の副鏡を組み合わせた「カセグレン望遠鏡」があります。焦点距離にくらべて天体望遠鏡の全長が短くコンパクトなのが特長です。この光学系は、最近では研究観測用の大口径の望遠鏡がこのタイプです。

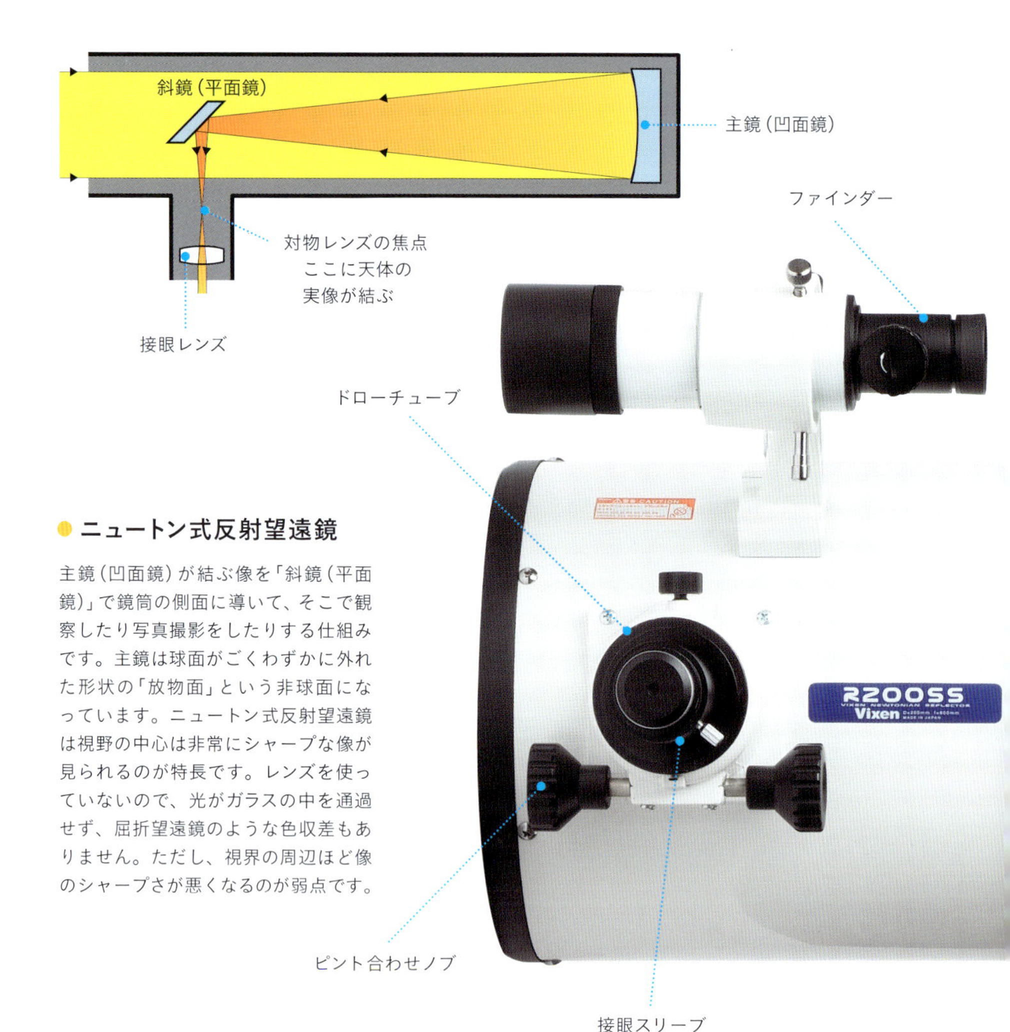

ニュートン式反射望遠鏡

主鏡（凹面鏡）が結ぶ像を「斜鏡（平面鏡）」で鏡筒の側面に導いて、そこで観察したり写真撮影をしたりする仕組みです。主鏡は球面がごくわずかに外れた形状の「放物面」という非球面になっています。ニュートン式反射望遠鏡は視野の中心は非常にシャープな像が見られるのが特長です。レンズを使っていないので、光がガラスの中を通過せず、屈折望遠鏡のような色収差もありません。ただし、視界の周辺ほど像のシャープさが悪くなるのが弱点です。

反射望遠鏡の斜鏡とスパイダー

ニュートン式の斜鏡やカセグレン式の副鏡は、このようなスパイダー金具で鏡筒の中で宙づりで固定されます。

セルに収められた主鏡

主鏡はゆがまないように工夫された構造のセルに固定されています。カセグレン系の主鏡は中央に穴が開いています。反射望遠鏡には主鏡と斜鏡部分に光軸を修正するためのネジが付いています。運搬や長年使用していると光軸が狂う場合がありますが、自分でも修正することができるような構造になっています。

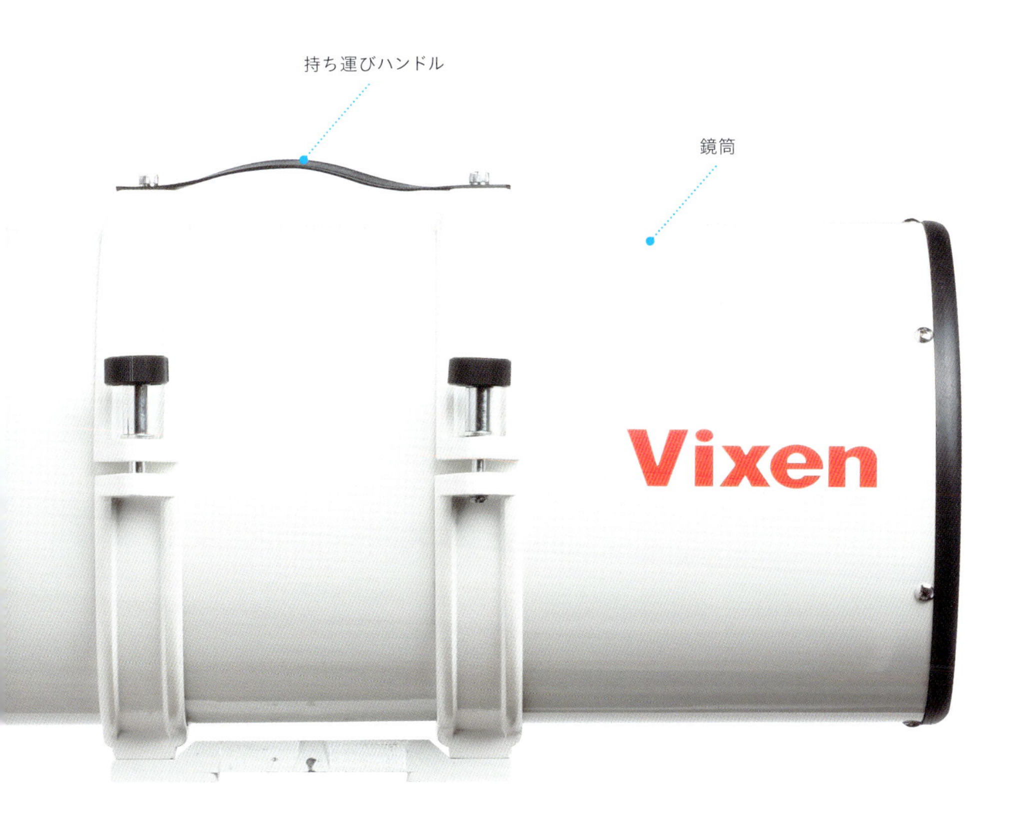

カタディオプトリック望遠鏡

反射鏡とレンズを組み合わせた光学系で星の像を結ばせるタイプの天体望遠鏡を「カタディオプトリック望遠鏡」といいます。カタディオプトリック望遠鏡は、大まかに2種類に分けられます。一つは望遠鏡の筒先に大きなレンズを配置するタイプと、もう一つは焦点の近くに数枚の補正レンズ群を配置するタイプです。これらのレンズ系をニュートン式のような反射系と組み合わせたりして設計されたものです。

カタディオプトリック望遠鏡では、屈折望遠鏡の対物レンズにあたる部分が、鏡筒の筒先にある大きくて薄いガ

筒先に収差を補正するための補正板が付いています。また副鏡はこの補正板に張り付いています。この補正板の役割は大きいもので、非点収差、歪曲収差、コマ収差を極力なくしています。この方式はカセグレン式ですから、長焦点であり高倍率を得られ、惑星観察にも適しています。この補正板はごく薄いものです。蓋の開閉や日ごろの保管時はカビが生えないよう充分注意しましょう。

シュミットカセグレン式望遠鏡

主鏡も副鏡も球面でできたカセグレン系の筒先に、非球面の補正板（シュミット補正板）を配置した望遠鏡です。この補正板の形状の異なるマクストフレンズを用いたカセグレン系の望遠鏡もあり、これはマクストフカセグレン望遠鏡といいます。

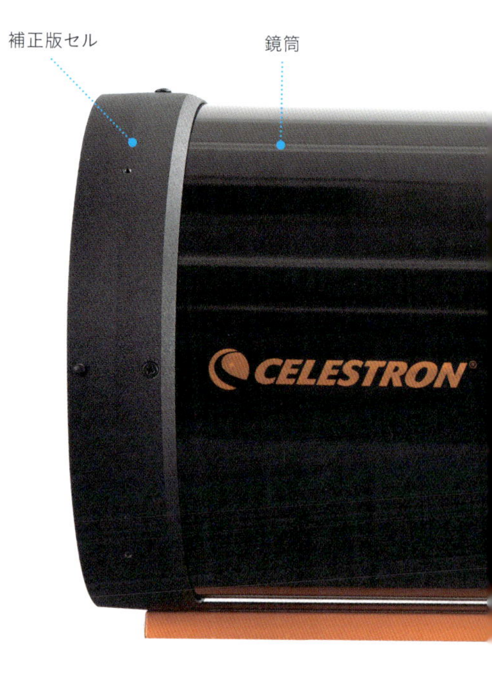

ラス板のようなレンズ（補正板とよびます）になっています。補正板は、中央部が凸レンズ、周辺部が凹レンズというような非常に複雑な形をしています。また、カセグレン式望遠鏡という反射望遠鏡があり、補正板以外の外見はカタディオプトリック望遠鏡とほぼ同じですが、光学系はまったく異なります。

いずれも、鏡筒のおしりの方に主鏡があります。その主鏡の中央には穴があいています。カタディオプトリック系の望遠鏡では、副鏡とよばれる凸面鏡を使って主鏡の裏側に焦点を作るようにしています。鏡筒の入口中央に固定されているのが副鏡です。

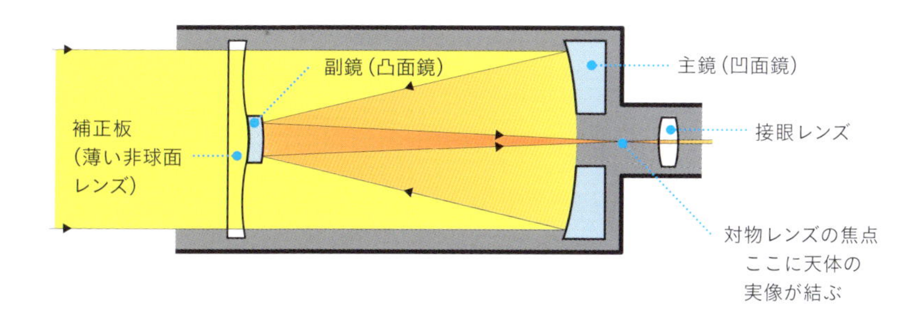

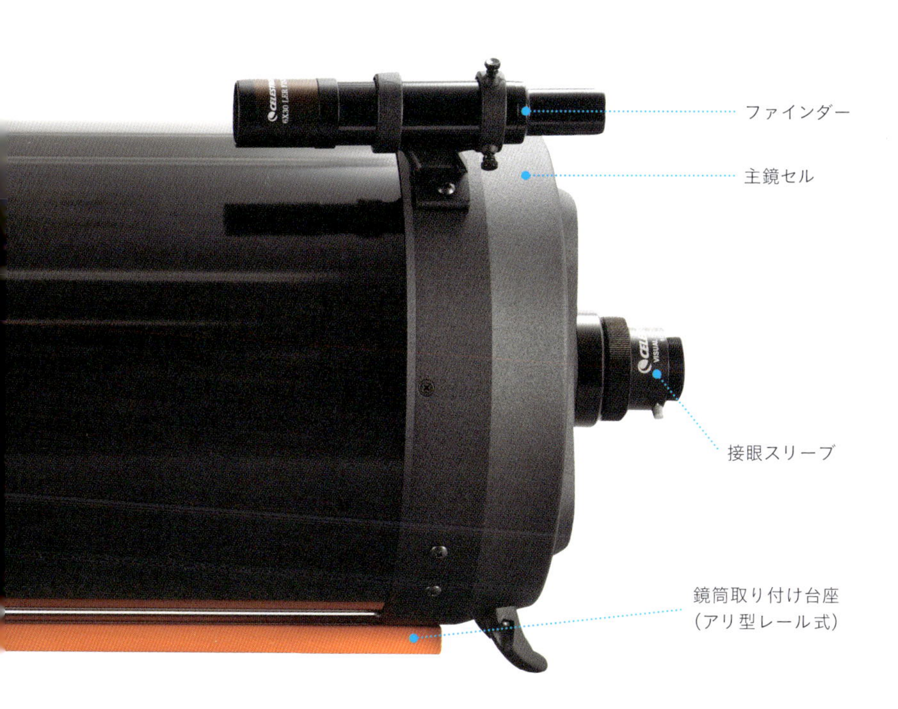

架台のいろいろ

経緯台と赤道儀

鏡筒を支える架台は、2つの直交する回転軸を備えています。架台には、その回転軸の設け方によって、「経緯台」と「赤道儀」という2つのタイプがあります。経緯台は水平に動かせる方位方向と、上下に動かせる高度方向の回転軸を備えています。赤道儀は、ちょうど経緯台の方位軸を傾けた格好をしています。

経緯台も赤道儀も直交する2つの軸を備えているので、この2軸に沿って天体望遠鏡を動かして、見たい星を視野に入れます。 空に見える星は、地球の自転によって、時間の経過とともにゆっくりと動いています。天体望遠鏡の視野でとらえた星を見続けるには、星の動きを追いかける必要があります。

経緯台では、右上図のように方位軸と高度軸を使って星を追いかけます。軸を回転させる速さは、その天体の見える天球上の位置によって刻々と変わります。

赤道儀は、右ページ下図のように極軸を地球の自転軸と平行に設置するので、極軸だけを決まった一定の速さで回転させれば、星を追いかけることができます。これが赤道儀の特長です。

● ドイツ式赤道儀

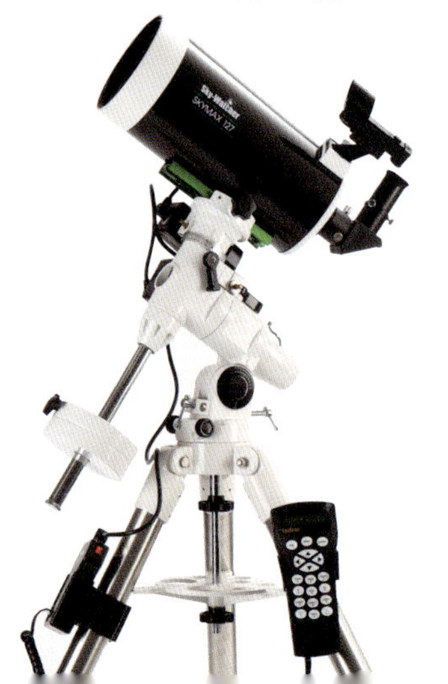

● 片持ちフォーク式経緯台

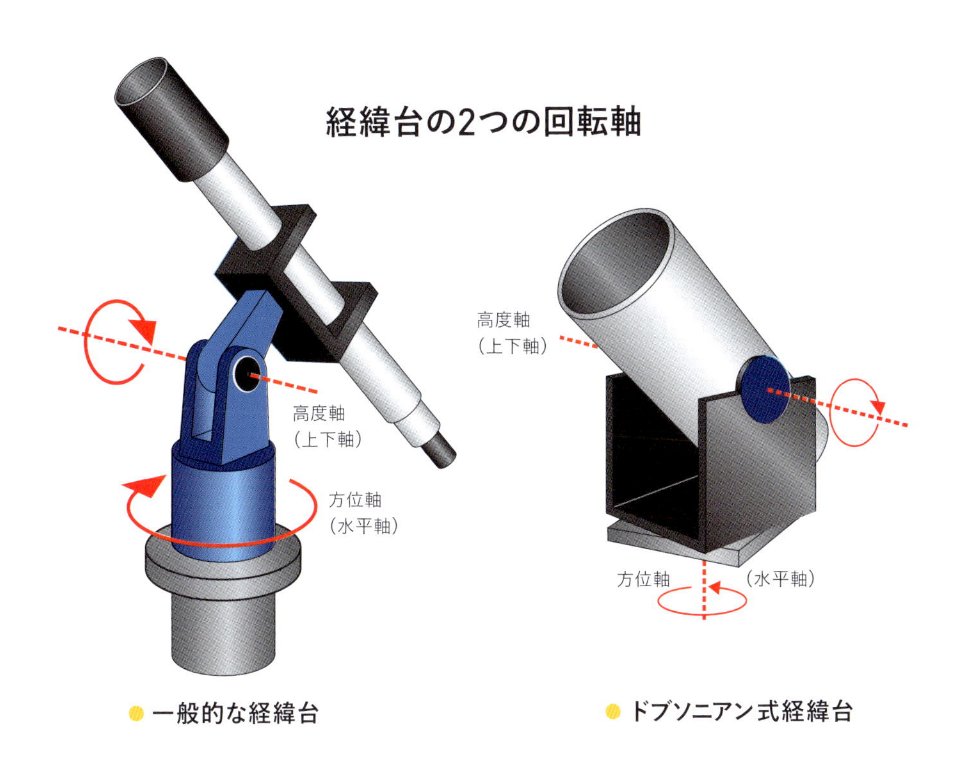

● 一般的な経緯台

● ドブソニアン式経緯台

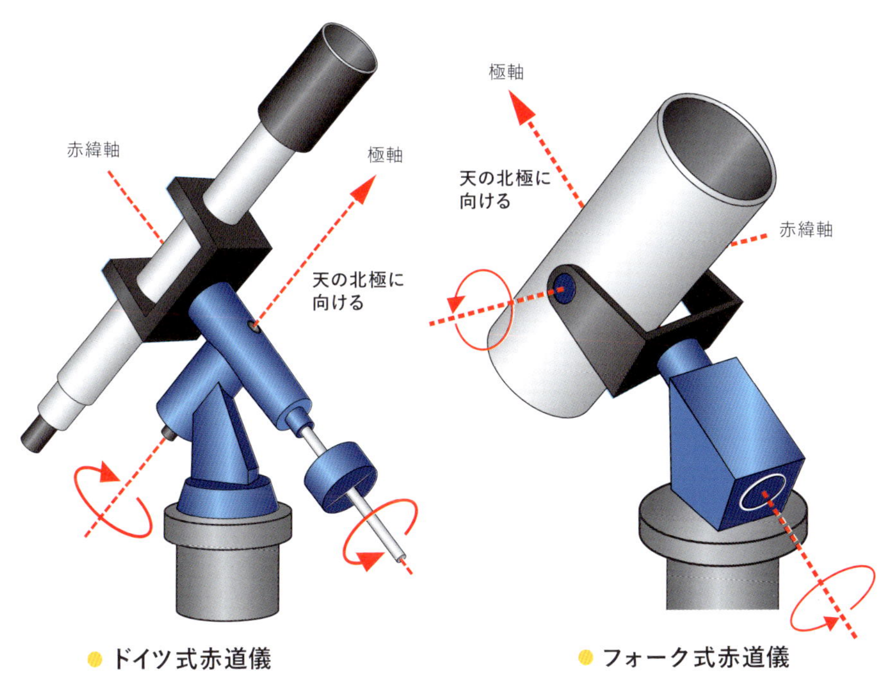

● ドイツ式赤道儀

● フォーク式赤道儀

経緯台とは

経緯台の形式のいろいろ

経緯台は、鏡筒を上下方向と左右方向に自由に動かすことのできる架台です。経緯台にはいろいろな形状のものがありますが、どのようなものを使うかは載せる鏡筒の種類や観測目的によります。どの形式も上下水平方向に動かすために、2つの直角に交わる回転軸を持っています。それぞれ高度軸(上下・鉛直軸)と方位軸(水平軸)という2つの回転軸を備えています。2つの回転軸には、鏡筒を回転しないように固定するクランプ機能があります。クランプはレバーやノブで回転軸をしめつけたりゆるめたりするようになっています。

また、鏡筒のバランスがよく、望遠鏡の向きを変えて手を離しても不用意に回転しない、クランプ操作が不要なものもあります。「クランプフリー」や「フリーストップ式」経緯台ともよばれます。「ドブソニアン望遠鏡」もその一例です。低倍率の観察なら必ずしも微動装置は必要ではなく、天体望遠鏡を気楽に星空に向かって振り回せます。

そのほか、パソコンのソフトで2軸を自動制御して天体望遠鏡が向いている方向の天球上の座標を表示したり、見たい天体に天体望遠鏡を向けたり、星の動きに合わせて自動追尾できる便利な経緯台もあります。

片持ちフォーク式経緯台

屈折望遠遠鏡を経緯台に載せた天体望遠鏡です。この経緯台は、フォーク式経緯台の片側を省略したような形をしているので、「片持ちフォーク式経緯台」とよばれています。

フォーク式経緯台

高度軸（上下軸）が鏡筒を左右から挟み込む形で頑丈に支持した形式の経緯台です。その形から「フォーク式」とよばれます。重量のある鏡筒にはとくに適しています。

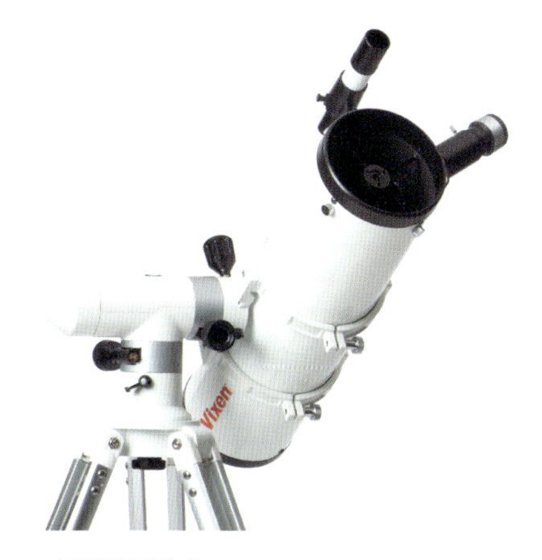

T型経緯台

方位軸（水平軸）の片側に鏡筒を取り付けるタイプで、鏡筒が三脚にぶつかりにくいようになっています。ふつうは方位軸に対して、鏡筒の反対側にバランスを取るためにウエイト（重り）を取り付けます。

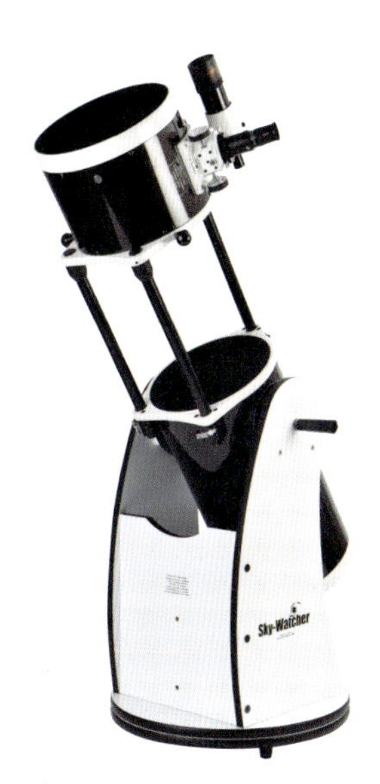

ドブソニアン望遠鏡

口径の大きなニュートン式反射望遠鏡を載せたフリーストップ式の経緯台です。大口径のわりに軽量でコンパクトに収納できるので、星空のよく見える場所に遠征して、迫力のある星雲・星団を観測するのに適しています。

写真三脚とシネ雲台

軽量コンパクトな望遠鏡を使って、かつ低倍率で星を観察する程度であれば、シネ雲台付の写真三脚も経緯台として使えます。

赤道儀とは

赤道儀の形式のいろいろ

　赤道儀はいろいろな形式が考案されていますが、どの形式も極軸（赤経軸）と赤緯軸という直交する2つの回転軸を備えているのは共通です。

　最初に極軸が天の北極に正確に向くように天体望遠鏡を設置すれば、極軸を一定の速度で微動回転させるだけで、星を視界にとらえたまま、追尾し続けることができます。この追尾操作を自動的に行なうモータードライブ装置も比較的安価で発売されています。中型以上の赤道儀は手動微動装置のない内蔵モーター方式がほとんどです。

　市販されている小型の赤道儀の多くはドイツ式です。ほかにはシュミットカセグレン鏡筒と一体型のフォーク式

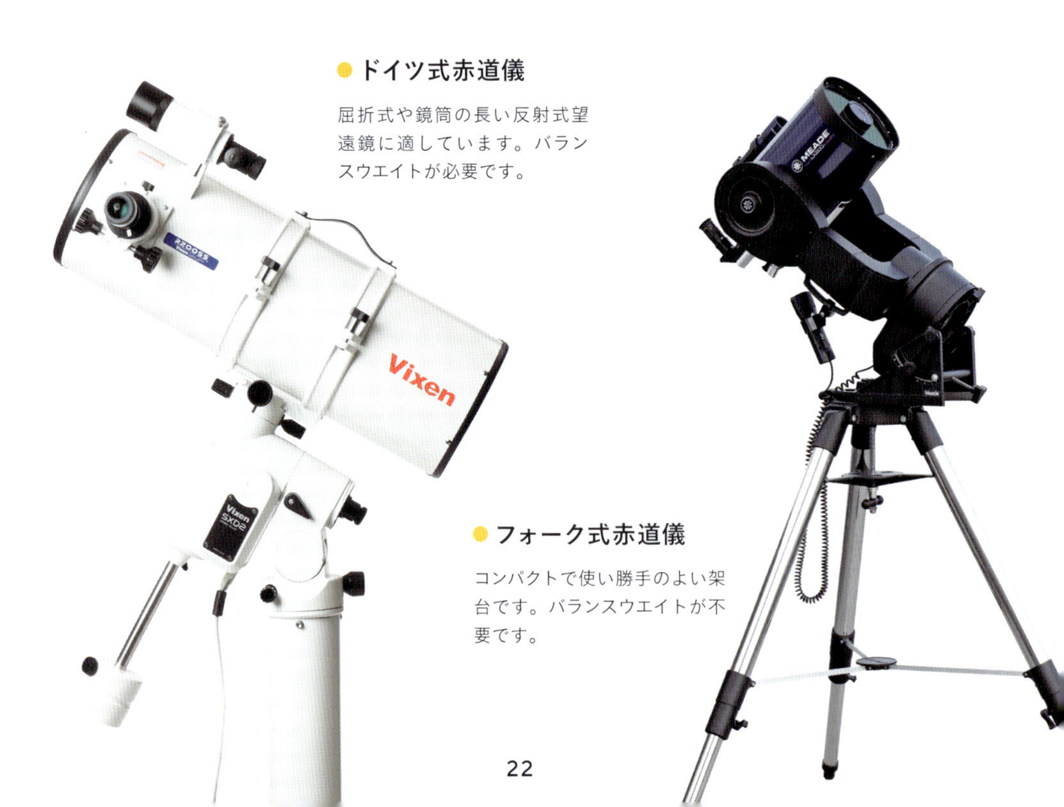

● ドイツ式赤道儀

屈折式や鏡筒の長い反射式望遠鏡に適しています。バランスウエイトが必要です。

● フォーク式赤道儀

コンパクトで使い勝手のよい架台です。バランスウエイトが不要です。

赤道儀があります。ドイツ式が多いのは、小型でまとまりがよいことと、バランスウエイトを加減するだけで簡単にいろいろな鏡筒を載せ換えられたり、撮影用の重いアクセサリーを追加できるという利点があるからです。

ただし短所は、ドイツ式赤道儀では、天頂から天の北極付近にかけての星に天体望遠鏡を向けるときに鏡筒が脚にぶつかることと、バランスウエイトが必要なことです。

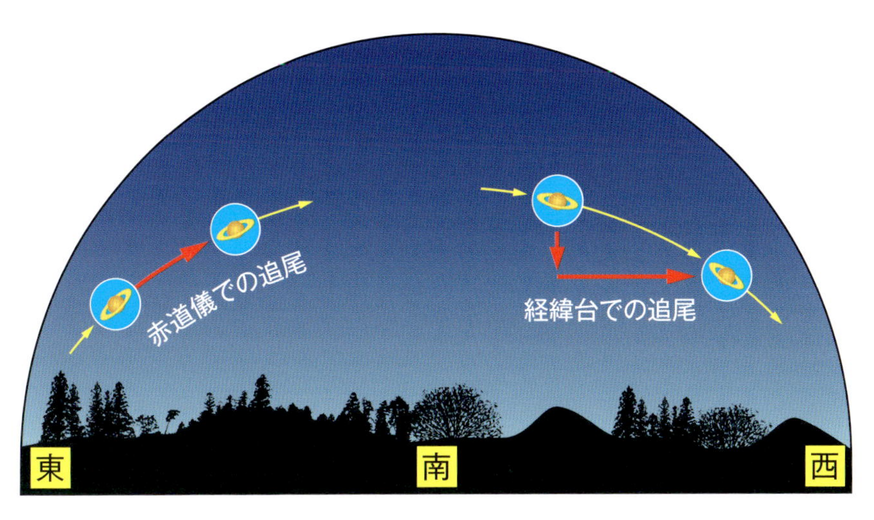

● **経緯台と赤道儀の天体の追尾方法の違い**

経緯台は高度軸と方位軸の2軸を使って追尾しますが、赤道儀は極軸の1軸のみで天体を追尾できます。

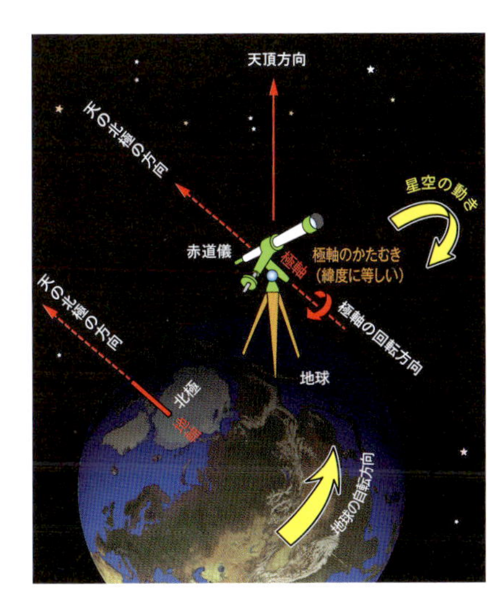

● **赤道儀の極軸と地球の自転軸の関係**

赤道儀の極軸は天の北極方向に向け正確に設置します。これで赤道儀の極軸と地球の自転軸が平行になります。極軸を地球の自転と同じ一定の速さで、自転と逆向きに回転させることで、天体が追尾できる仕組みです。

脚のいろいろ

天体望遠鏡を載せた脚に少し力が加わっただけでも天体望遠鏡が揺れるような脚を使っていると、優れた性能を持つ天体望遠鏡の能力を活かしきれません。収納や持ち運びを考えると軽量な方が都合がよいのですが、天体望遠鏡で星をのぞいているときは、重い脚の方が一般に揺れに強いので、優れています。

脚は木材、アルミニウム、ジュラルミン、スチール(鉄)、カーボンなどで作られています。三脚は架台下部が水平になるように中央部が上下に伸縮できるようになっています。また口径の大きな望遠鏡では、伸縮しない頑丈な直脚もあり、地面の設置するところに板やプレートなどを置いて高さ調整をする形式もあります。

● アルミ三脚

コンパクトに収納でき、天体望遠鏡の高さを適切な位置に調節できる伸縮脚と、頑丈さが特長の直脚があります。

アルミ三脚には、脚の形状が違うものがあります。この三脚はパイプ状のもので、重さのわりにしっかりしています。

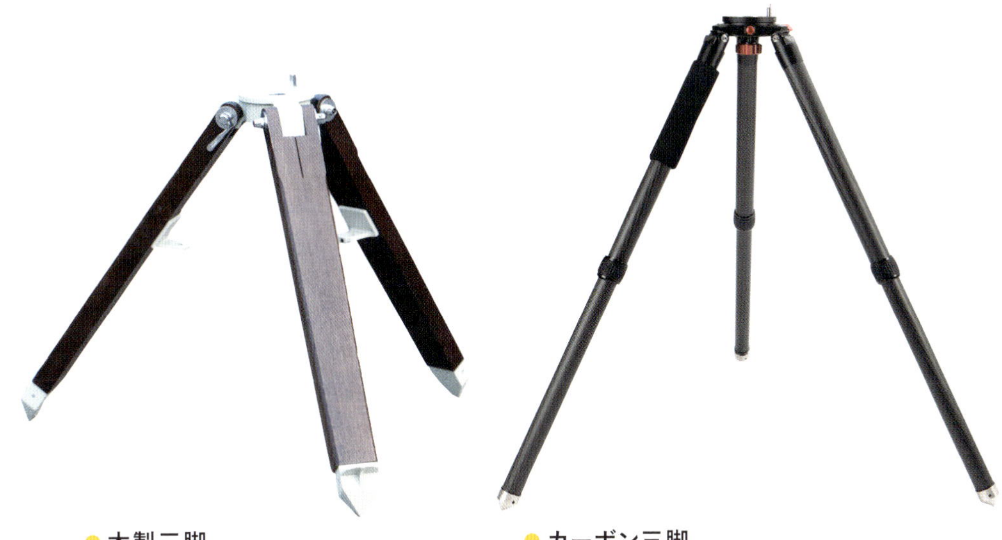

木製三脚

かつては木製の三脚が主流でしたが、最近はこだわりの三脚として、高価な桜材や樫など歪みのないものも販売されています。

カーボン三脚

最近では海外に持っていくときにも重宝する、軽量で強度も充分高いカーボン製の三脚もあります。

三脚の延長筒

赤道儀の架台部分の動きに支障をきたすときに間に入れるものです。

ピラー脚

金属の柱のような脚です。とても重いので持ち運びには不向きですが、安定性は三脚よりも上です。

望遠鏡の性能

有効口径

望遠鏡はその名前のとおり、レンズや反射鏡を使って光を集めることで、遠くのものを大きく見ることができる道具です。このどれだけ遠くのものをはっきり見ることができるかが望遠鏡の性能にあたり、これは望遠鏡のレンズ（対物レンズ）や反射鏡（対物主鏡）の大きさで決まります。

対物レンズや対物主鏡の大きさを、口径や有効口径とよびます。望遠鏡のカタログなどを見ると「口径10cm屈折式望遠鏡」や、「口径20cm反射式望遠鏡」など、望遠鏡の口径が一番目に付くように紹介されています。口径は望遠鏡の性能を示す一番重要な指標で、口径が大きいほど、遠くのものをより大きく、そして明るく見ることができるのです。

望遠鏡の性能と聞くと、倍率を真っ先に思い浮かべる人も多いかもしれませんが、その望遠鏡で用いることができる有効な倍率の上限は有効口径で決まるのです。

カセグレン系など望遠鏡の種類によっては、望遠鏡の筒先（開口部）にある補正レンズなどの大きさが有効口径にあたる場合もありますので、望遠鏡のカタログなどで確認しておくとよいでしょう。

屈折式望遠鏡

反射式望遠鏡（シュミットカセグレン）

近接した同じ明るさで輝く二重星を分離して見えるかどうかも望遠鏡の有効口径で決まります。口径が大きくなるほど、より接近した等光2重星を分離して見分けられるようになるのです。

星ぼしを背景に輝く淡く広がる星雲は、暗い夜空の下で見てみたい天体です。望遠鏡の口径が大きくなるほどより暗い星まで見え、星雲はより明るく淡い部分まで見えるようになります。(天体望遠鏡で実際にのぞいた向きにしてあります)

大気の揺らぎの少ない夜に、倍率を上げて惑星を観測すると、望遠鏡の口径が大きくなるほど、より高倍率で拡大しても明るく見え、惑星の表面模様の詳細がよりはっきりと見えるようになります。(天体望遠鏡で実際にのぞいた向きにしてあります)

集光力

望遠鏡の性能は有効口径の大きさで決まりますが、これはいい換えれば、どれだけ多くの光を集めることができるかということに値します。集光力は人の眼に対して何倍の光を集めることができるかを数値化した指標で、たとえば有効口径10cmの望遠鏡では、暗闇に順応した人の眼の瞳孔を7mmとしたとき、人の目の204倍の光を集めることができるのです。

限界等級(極限等級)

古代の人びとは、人の眼(肉眼)で見えるもっとも明るい星を1等星、もっとも暗い星を6等星として、星の明るさを6等分して区別しました。これが天体の明るさの尺度となっている等級です。現在では、1等星は6等星の100倍の明るさであると定義されています。限界等級は、肉眼で見える星の限界を6等級としたとき、望遠鏡で見える等級の限界を示したもので、有効口径が大きくなるほど限界等級は大きくなります。

分解能

天体の詳細な構造などを見分ける能力を角度の秒(1"=1/3600°)で表わしたものが分解能です。有効口径が大きいほど分解能は向上し、より細かいものまで見分けることができるようになります。望遠鏡の諸元表ではドーズリミットとよばれる観測から導かれた値が採用されることが多いようです。

口径10cmの望遠鏡では分解能は1".2となり、これは月にある約2.2kmの構造を見分けられることになります。

焦点距離と口径比

天体からの平行光線は、対物レンズまたは対物主鏡により屈折または反射して1点に集まります。この点を焦点とよんでいます。そして対物レンズまたは対物主鏡(光学系の主面)から焦点までの距離が焦点距離となります。焦点距離はその値が大きいほど大きな実像が得られます。

一方、焦点距離を有効口径で割った値が口径比で、光学系の明るさを示す指標となるものです。この値が小さいほど明るい実像が得られます。天体望遠鏡で写真撮影する場合は、この値が

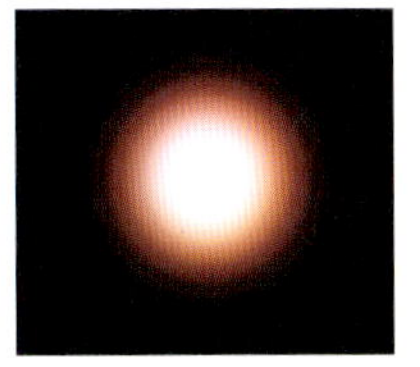

色収差

色収差の大きい望遠鏡は、恒星が色滲みをともなっているように見えたり、天体や星の輪郭や模様が色ズレしているように見えます。

球面収差

球面レンズや球面主鏡が集めた光が1点に集光しないため、像がボケたように見えます。望遠鏡の解像力を低下させてしまう収差です。

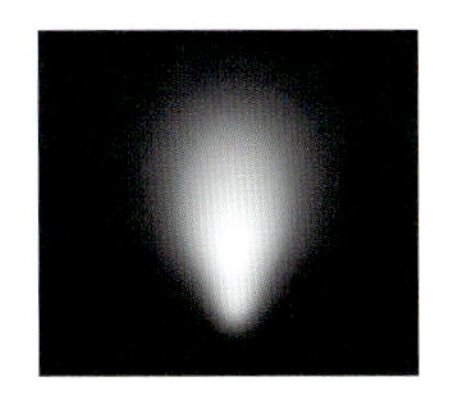

コマ収差

視野中心部から離れた(光軸外)光が1点に集光しないために起こる収差で、彗星が尾を引くように周辺像がボケてしまう収差です。

非点収差

光軸外からの光が、対物レンズに対して光軸と主光線を含む面(サジタル像面)とその面に対して垂直で光軸を含む面(メリディオナル像面)で一致しなくなることで起こる収差で、像が非点状に延びたりクロスしたりするように周辺像がボケてしまう収差です。

小さいほど、速いシャッタースピードで撮影することができます。

望遠鏡の収差

ここまで紹介した望遠鏡の性能は有効口径から算出した理論値でした。実際の望遠鏡ではその種類によって像のボケや歪み、色ズレなどが起こり、性能が低下します。これを望遠鏡の収差とよんでいます。高性能な望遠鏡とは、この収差が少ないものといってよいでしょう。

望遠鏡で重要となる収差は、レンズを含む光学系で、光の波長による屈折率の違いで生じる色ズレ、色収差と、像のボケや周辺像の悪化、像面の歪曲を引き起こすザイデルの5収差があります。

望遠鏡のカタログなどでは、望遠鏡の結像性能を示すストレールレシオや、残存収差を知る目安となる、球面収差図や非点収差図などの収差曲線図、そしてスポットダイヤグラムなどを公開している場合もありますので、望遠鏡を選択するときには、これらを参考にして、自分の目的に合った望遠鏡を選ぶようにするとよいでしょう。

天体望遠鏡の口径別性能表

口径	集光力	分解能	限界等級
50mm	51	2″.3	9.8
65	86	1″.8	11.3
75	115	1″.5	12.1
100	130	1″.2	12.8
125	104	0″.9	13.3
150	460	0″.8	13.7
200	820	0″.6	14.3
250	1276	0″.5	14.8
300	1837	0″.4	15.2

接眼レンズ（アイピース）

焦点距離と倍率

接眼レンズは対物レンズや対物主鏡が結んだ実像を拡大して見るためのレンズです。焦点距離の異なる複数の接眼レンズを使うことで、天体望遠鏡の倍率を変更することができます。

倍率は天体望遠鏡の焦点距離を接眼レンズの焦点距離で割ることで計算できます。たとえば焦点距離800mmの望遠鏡に焦点距離20mmの接眼レンズを装着した場合の倍率は、800÷20で40倍となります。

焦点距離の短い接眼レンズを使うと、倍率を上げることができますが、あまり倍率を上げ過ぎると見える像が暗くなるばかりで、より細かいところが見えるようになるわけではありません。

取り付け規格

接眼レンズは天体望遠鏡の接眼部にあるスリーブとよばれる差し込み口に挿入して使用します。スリーブ径にはいくつかの規格があるので、自分の天体望遠鏡のスリーブ径に合った接眼レンズを用意しましょう。望遠鏡によってはアダプターリングを介してさまざまなスリーブ径の接眼レンズを取り付けられるものもあります。

同一シリーズの接眼レンズの例（このほかにも異なる焦点距離の接眼レンズがあります）

接眼レンズの取り付け規格

スリーブ径31.7mm（1.25インチ）のアメリカンサイズ（左）とスリーブ径50.8mm（2インチ、右）がおもな接眼レンズの取り付け規格です。また、スリーブ径24.5mmのツァイスサイズは以前日本で主流でしたが、最近ではほとんど見かけません。

接眼レンズの取り付け

接眼レンズは接眼部端のスリーブに差し込んで使います。接眼レンズが抜け落ちるのを防ぐために、しっかりロックするようにしましょう。写真左は一般的な接眼レンズ留めネジが付いた接眼部、写真右はリング式のロック機構が付いた接眼部で、リングで締め付けることで接眼レンズを偏心することなくロックすることができます。

接眼レンズ変換アダプター

接眼部に2インチ接眼レンズ用のスリーブが設けられている場合には、2インチ接眼レンズはもちろん、スリーブ径変換アダプターを使って、アメリカンサイズや、ツァイスサイズの接眼レンズを取り付けることもできます。写真は31.7mm径の接眼レンズを24.5mm径のスリーブに取り付けるための変換アダプターです。

見かけ視界と実視界

接眼レンズにはさまざまな種類があり、またそれぞれ性能も異なります。ここでは接眼レンズを選ぶにあたって必要になる、接眼レンズの性能を示す諸元を紹介します。

明るい空や光源などに向けて接眼レンズをのぞいたとき、明るく見える円形の範囲を角度で表わしたものを、見掛け視界とよんでいます。見掛け視界が大きいものほど見える範囲が広くなります。見掛け視界が60°を超えるものを広視界接眼レンズとよんでいます。

一方、望遠鏡に接眼レンズを装着してのぞいたときに見える、視界の実際の範囲を角度で表わしたものを、実視界とよんでいます。

アイレリーフ

接眼レンズに少しずつ眼を近付けていくと、全視界を見渡せる位置があることがわかります。この位置はアイポイントとよばれ、この位置に眼の瞳孔を一致させることで、眼の網膜に像が結ばれます。接眼レンズの最終レンズ面からアイポイントまでの距離をアイレリーフとよんでいます。アイレリーフの長い接眼レンズはハイアイポイントとよばれ、のぞきやすく長時間にわたる観察でも疲れが少なく快適です。眼鏡を使用した状態でも視野周辺まで観察しやすいのも特徴です。

倍率と見かけ視界の違いによる見え方の違い

倍率	×100	×200	×200
見かけ視界	40°	40°	50°

接眼レンズの種類

接眼レンズはさまざまな種類のものが販売されています。低倍率から高倍率用までいろいろな焦点距離の接眼レンズをシリーズ化した普及型や、広視界性能に特化した広視界接眼レンズ、のぞきやすさを重視したハイアイレリーフ接眼レンズ、像のシャープさを追求した高倍率用接眼レンズも存在します。各種接眼レンズと組み合わせて倍率を伸長するバローレンズも便利です。

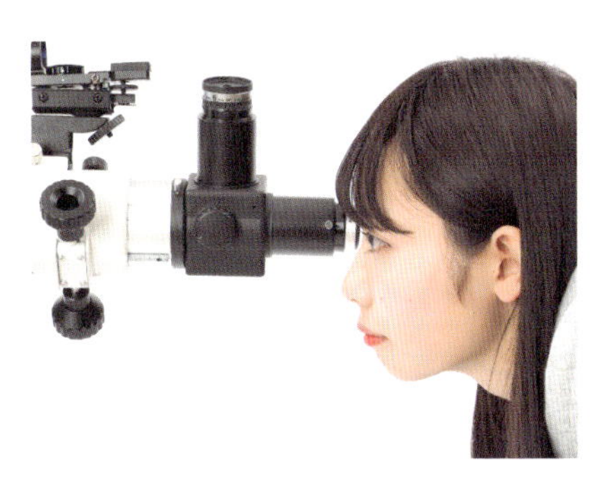

● アイレリーフの短い接眼レンズ

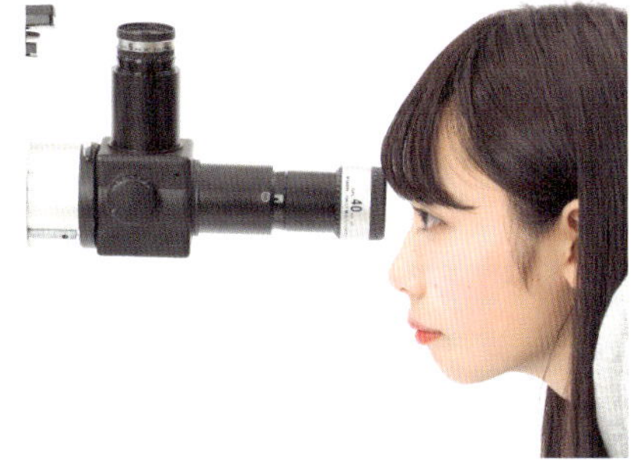

● アイレリーフの長い接眼レンズ

● 同じ倍率でも一度に広い範囲が見られる広視界接眼レンズ

一般的な視界

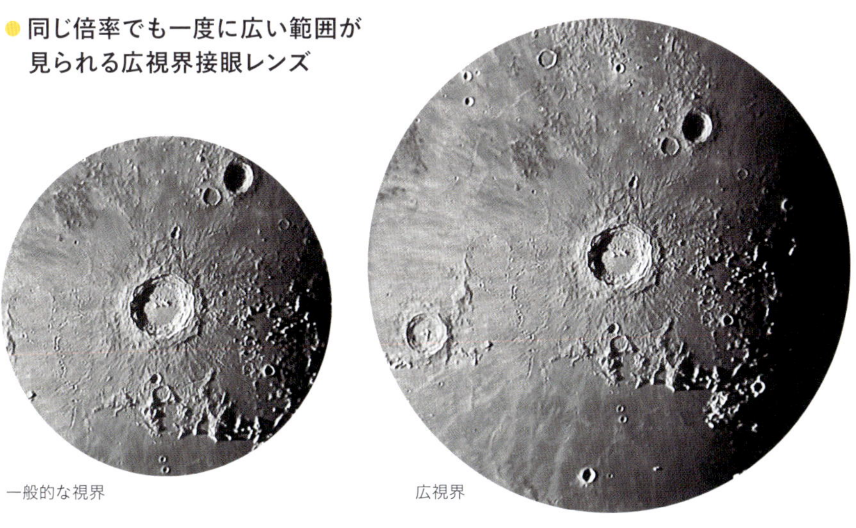

広視界

焦点距離が同じでも、見かけ視界が異なる接眼レンズがあります。見かけ視界の広い広視界接眼レンズは、同じ倍率でも一度に広い範囲が見られます。広視界接眼レンズで見る望遠鏡の視界は広々として気持ちがよいだけでなく、見たい天体を望遠鏡の視界につかまえやすい長所もあります。

有効倍率と像の明るさ

天体望遠鏡は接眼レンズを交換することでさまざまな倍率で天体を観測することができますが、先に紹介したとおり、あまり倍率を上げ過ぎると、見える像は大きくなっても、その分像が暗く見えづらくなってしまうので、より細かいところが見えるようになるわけではありません。

天体望遠鏡には有効な最高倍率があり、これは有効口径に依存します。一般的に有効最高倍率は有効口径（cm）の10倍といわれています。たとえば口径10cmの望遠鏡なら100倍となります。ただし、明るい月や明るくなった最接近時の火星、二重星などは、有効口径（cm）の15〜20倍程度の過剰倍率を使うと見やすく感じられることもあります。

一方、淡く大きく広がった星雲や淡い尾を引く彗星などは、低倍率を使って見ると像が明るくなって、天体が認識しやすくなります。ただ高倍率と同様に、低倍率にも、これ以上倍率を下げても像の明るさが変わらなくなる限界があって、これを有効最低倍率とよんでいます。有効最低倍率は望遠鏡の有効口径と暗闇に順応した人の眼の瞳孔に依存し、瞳孔を7mmとしたとき、有効口径（cm）÷0.7で算出できます。

ただ、月の直径の数倍もあるような大きく淡い天体を一度に見渡したい場合などはこの限りではありません。また空が明るい場所では、淡い天体が背景となる明るい空に溶け込んでしまい見分けづらくなるので、有効最低倍率より倍率を上げた方が空と天体のコントラストが向上して見やすくなる場合もあります。

天体望遠鏡の口径別、
有効最高倍率と有効最低倍率

有効口径（cm）	有効最高倍率（倍）	有効最低倍率（倍）
5	50	7
10	100	14
20	200	28
30	300	43

天体望遠鏡といえば、気になるのは「倍率の高さ」です。しかし大切なのは、倍率ではなく、口径の大小です。口径が大きければ、天体の多くの光を集め、像がより鮮明に見え、倍率も高めにできます。

● 惑星（木星）

低倍率

中倍率

高倍率

● 近接した二重星

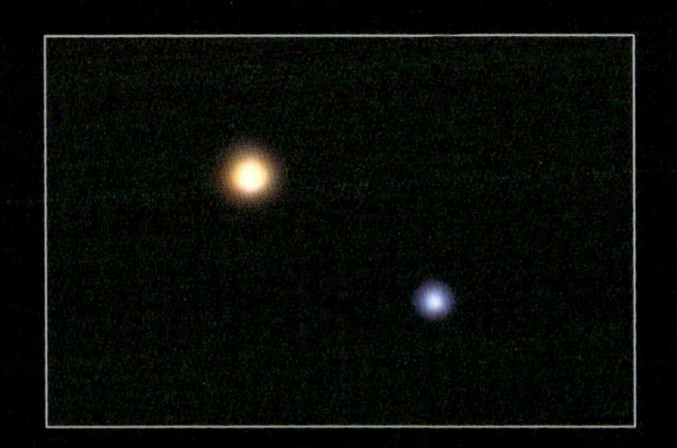
低倍率で見たアルビレオ（はくちょう座β星）

高倍率で見たポリマ（おとめ座γ星）

● 星雲（オリオン大星雲〈M42〉）

低倍率

高倍率

正立像・倒立像・鏡像

この本で紹介しているケプラー式の屈折式望遠鏡や、ニュートン式、カセグレン系の反射式望遠鏡が天体の光を集めて作る像（実像）は倒立像です。望遠鏡で見える天体の像は、この実像をアイピースで拡大した虚像ですので、天体は180°回転した、上下逆さまの倒立像になります。

このページでは、天頂ミラーやフリップミラー、正立プリズムを使った場合の月の見え方をまとめてみました。

望遠鏡が作る実像は倒立像

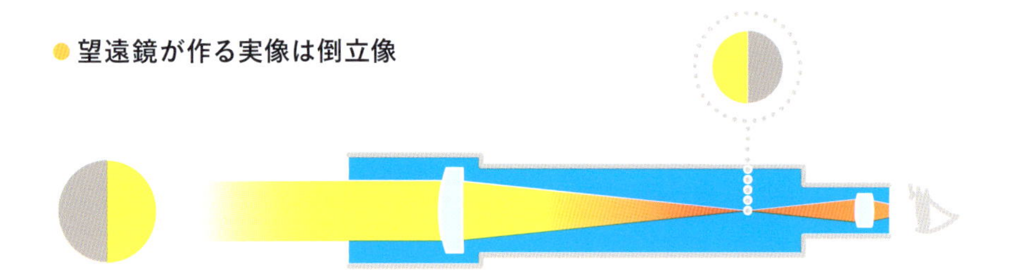

天頂ミラー

屈折式望遠鏡やカセグレン系の反射式望遠鏡で天頂方向を見るとき、接眼部の位置が低くなって無理な姿勢を強いられることがあります。そのような場合に光路を90°折り曲げるためのパーツです。

フリップミラー

内蔵されたミラーを操作することで、直視方向と垂直方向への切り替えをワンタッチで行なえる便利なパーツです。

● 倒立像（フリップミラー〈直視〉）

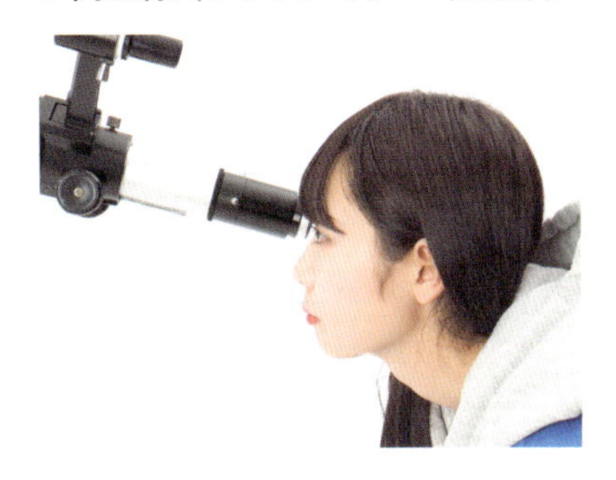

● 鏡像（裏像）（天頂ミラー）

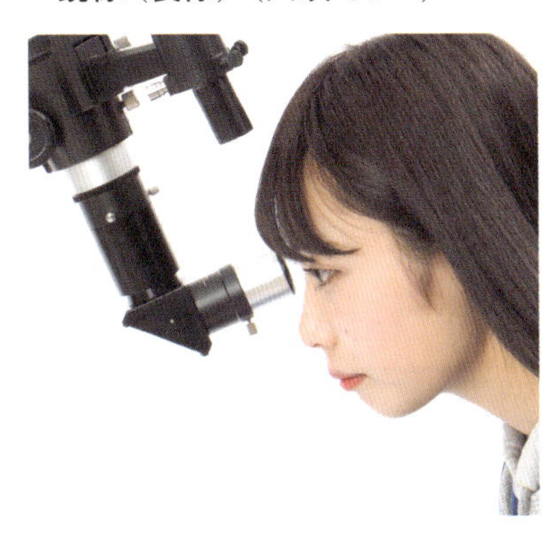

● 正立像（正立プリズム）

星の見え方と環境

暗い夜空と光害（ひかりがい）

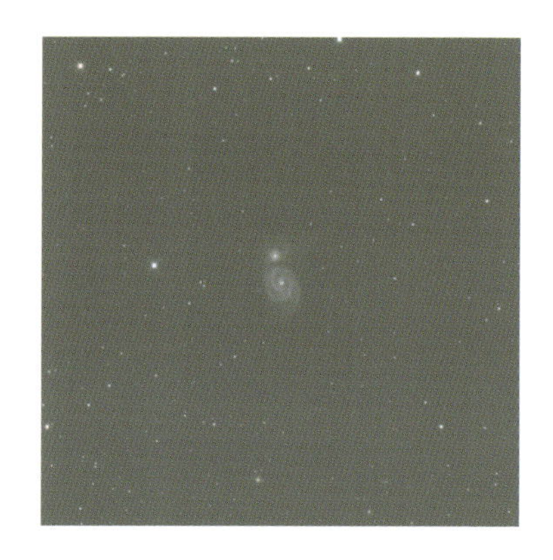

都心部などで夜空を仰ぎ見ても、月や明るい惑星、1等星や2等星といった明るい星ぼししか見ることができません。これは街灯りなどにより夜空が明るくなってしまうからです。環境配慮に不充分な過剰な照明などによる夜空への悪影響は光害とよばれていて、近年では日本でも環境省により光害対策ガイドラインが策定されています。

街灯の少ない郊外や自然豊富な海や山に出かけると、数を数えきれないようなたくさんの星ぼしや淡い天の川などが夜空に輝いていて驚かされます。天体望遠鏡を使った観測でも同様で、街灯りや大気の透明度は、天体の見え方に大きく影響を与えます

光害による星雲の見え方の違い

淡く大きく広がった星雲や、淡く尾を伸ばした彗星などの見え方は、夜空の明るさや大気の透明度などの影響を大きく受けます。上が光害の影響を受けた状態、下は受けていない状態、真ん中がその中間です。

夜空の明るさと大気の透明度

淡く大きく広がった星雲や、淡く尾を伸ばした彗星などの見え方は、夜空の明るさや大気の透明度などの影響を大きく受けます。大気中の粉塵量や水蒸気量などが増加すると、大気の透明度が低下してしまいます。黄砂やPM2.5、花粉の飛来などにも影響を受けます。

● 都心部や街中での夜空

● 郊外で見られる暗い夜空

観測に適切な場所

月や惑星など明るい天体のみを観測するなら、自宅の庭やベランダ、ルーフバルコニーや屋上などからの観測が手軽です。自宅近くの公園などを利用する場合は、なるべく街灯などが目に入らない場所を選びましょう。

車などの運搬手段が利用できる場合は、郊外のキャンプ場や自然豊富な高原や海岸などが観測に適しています。

シーイング

夜空の暗さや大気の透明度に加えて、天体の見え方を大きく左右する要因があります。それが大気の揺らぎです。

天体の光が地球の大気を通過して地上に届くまでに、大気の揺らぎや気塊などによって、明るさや位置が揺らいだり、像がボケたりしてしまうことがあります。この大気の揺らぎなどによる天体の見え方の指標をシーイングとよんでいます。

悪シーイングのときには、高倍率で見た天体の像は大きく揺らいで見え、ときには像がボケて詳細な模様がわからなくなってしまうほどです。

シーイングに大きく影響をおよぼすのが、ジェット気流など高層大気の乱流や、地上付近の地形を要因とする乱気流です。日本ではジェット気流の影響が強くなる冬期に悪シーイングとなることが多く、ジェット気流の影響が弱まる夏は好シーイングとなることが多いようです。シーイングは日々変化するだけでなく、1日のうちでも大きく変化します。

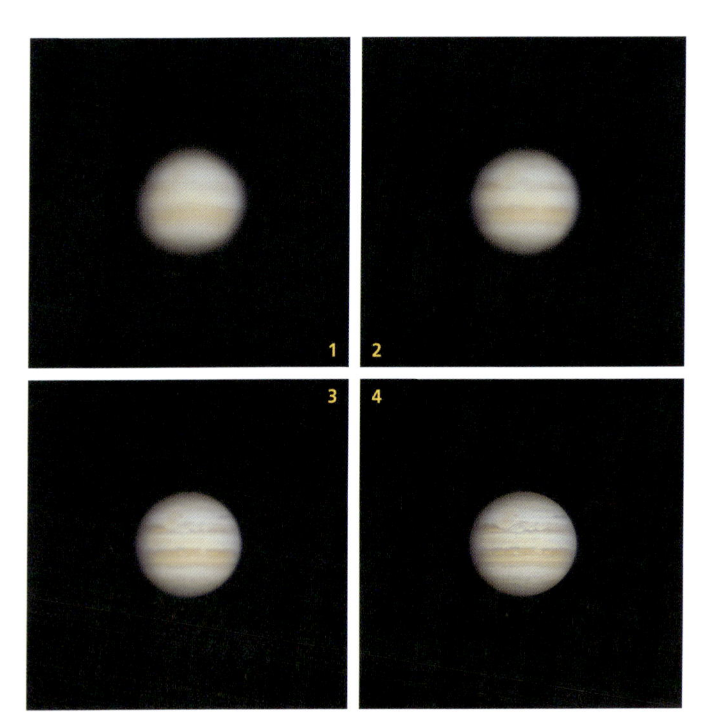

シーイングと見え方

シーイングの違いによる、木星の見え方の違い。1から4に行くほどシーイングが良い像です。

地球の大気循環（ジェット気流と偏西風）

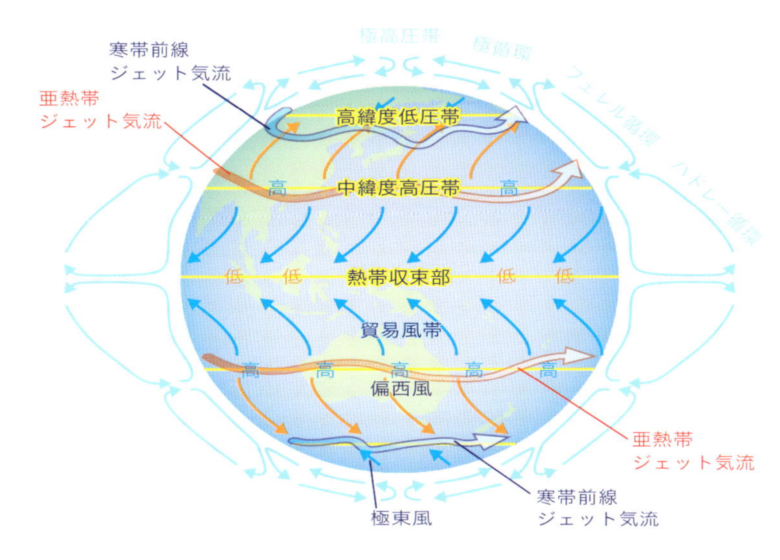

夏の盛夏：南高北低型気圧配置（鯨の尾型）

五月晴れ、秋晴れ：帯状高気圧

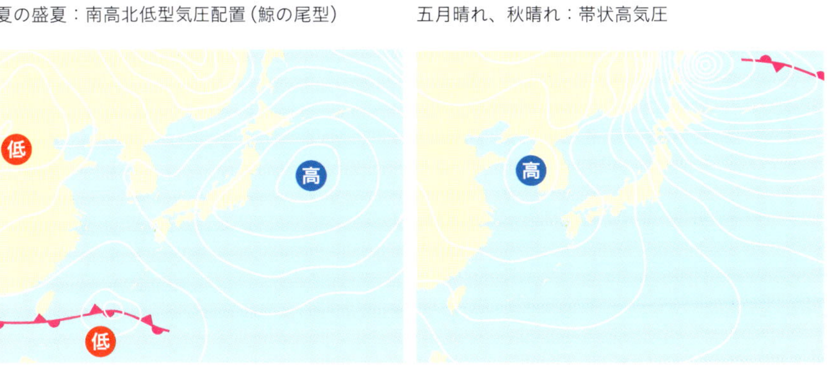

春秋型：移動性高気圧

冬型：西高東低型気圧配置

口径別天体の見え方

天体望遠鏡が、どこまで天体を細かく見られるのかは、大切な要素です。倍率をどんどん高くすると、天体の細かいところまで見えてきそうですが、天体を見分けられる能力には、限界があります。人の視力と同じようなものです。分解能はその望遠鏡の口径によって決まってきます。ここでは、口径別に、どのような天体を楽しむことができるか、紹介します。なお、望遠鏡の口径と分解能については、28ページを参照してください。

口径6cmで見た土星

口径10cmで見た木星

口径20cmで見た土星

口径30cmで見た木星

口径	見える天体
6cm	月の主要なクレーターや海、山脈などの地形がわかります。水星や金星の満ち欠けの様子がわかり、火星の接近時には極冠や大きな地形、木星の2本の濃いベルト、土星の環がはっきりとわかります。アンドロメダ銀河やオリオン大星雲など大きく明るい星雲星団の形状がわかり、明るい主要な星雲星団の存在がわかります。
10cm	月の微細なクレーターや谷や断崖、海のしわなど地形の詳細がわかります。火星の接近時には主要な模様が見え、木星は大赤斑や細かな縞模様が見え、土星の環はカッシーニの空隙により2重に分かれているのがわかります。メシエ天体や明るいNGC天体のほとんどを見ることができ、大型の球状星団は星ぼしの集まりであることがわかります。
20cm	シーイングが良いとき、月の地形の詳細がよくわかります。惑星の表面模様の詳細がわかり、木星はいくつもの縞模様の詳細やフェストーン、暗班といった模様もわかります。土星環はABCの3つの環で構成されていることがわかり、本体の縞模様もわかります。天王星や海王星は円盤状に見えその色もよくわかります。天文書で紹介されるような星雲星団をほとんど見ることができ、大型の球状星団は中心部まで星の集まりであることがわかります。
30cm	本格的な天体観測を目的とした用途にも使用できます。月や惑星はシーイングが最良のとき、スケッチしきれないほどの詳細模様がわかることがあります。木星のガリレオ衛星や天王星、海王星は円盤状に見え、表面の濃淡がわかることがあります。オリオン大星雲などの明るい天体では天体の色がわかることがあります。星雲星団の形状もよくわかり、小型の明るい渦巻銀河でも、銀河腕の渦巻き模様がはっきりわかります。

第2章

天体望遠鏡を使ってみよう

天体望遠鏡の組み立て

屈折経緯台

天体望遠鏡は光学機器としては、大きなものですから、使わないときの収納性や持ち運びを考え、分割して保管します。使うときには組み立てる必要があり、観測が終わったら分解して収納します。組み立てや分解作業は、メーカーや機種によって異なります。

ここで紹介するのは、小型軽量な片持ちフォーク式経緯台に載せるタイプの望遠鏡です。組み立ては、三脚を開いて設置し鏡筒を載せるだけという、取り扱いがもっともやさしいものです。手早く庭先やベランダに持ち出して、すぐに観察することができます。小型屈折経緯台の手軽さは、望遠鏡の使用頻度を大いに高めてくれます。

1

まず三脚の設置です。望遠鏡を設置する場所が決まったら、伸縮固定ネジを緩めて脚を伸ばして長さをそろえてから三脚を広げます。

2

三脚を充分開いて設置します。三脚が水平になるよう脚の長さで調節します。柔らかい場所では先端の石突をしっかり地面に差し込みます。

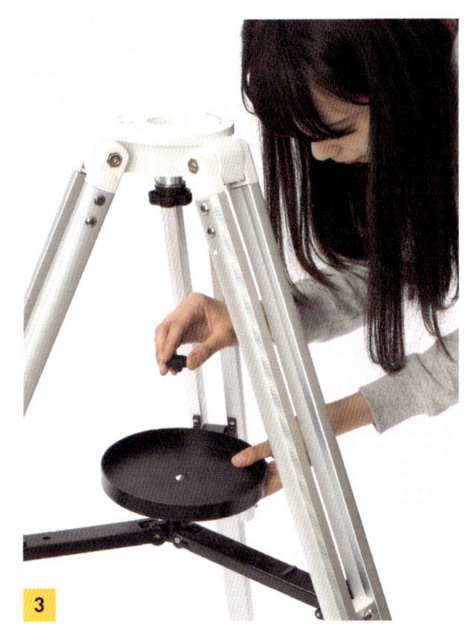

3

開き止めステーを広げ、載物台を固定します。

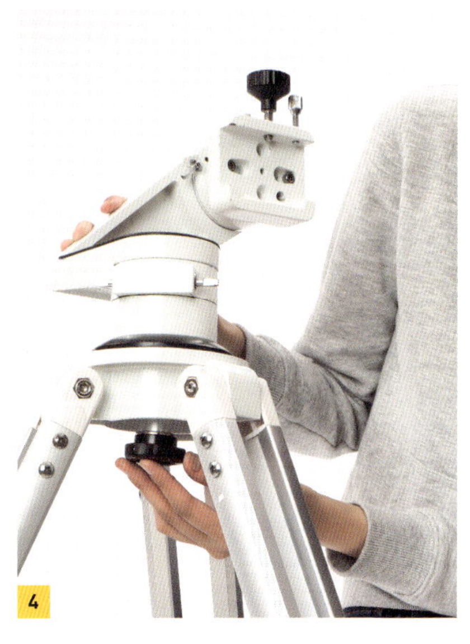

4

架台を三脚に載せ、架台がぐらつかないよう、しっかりと固定させます。

5

微動ハンドルを取り付けます。このとき穴の差込方向に注意します。微動ハンドルが取り付けられれば、架台の組み立ては完了です。

6

架台に天体望遠鏡の鏡筒を取り付けます。このとき望遠鏡を落とさないよう、充分注意しましょう。

望遠鏡の鏡筒を架台に固定したら、鏡筒バンドをゆるめて鏡筒を前後に動かして、上下方向に動く高度軸のバランスをとります。

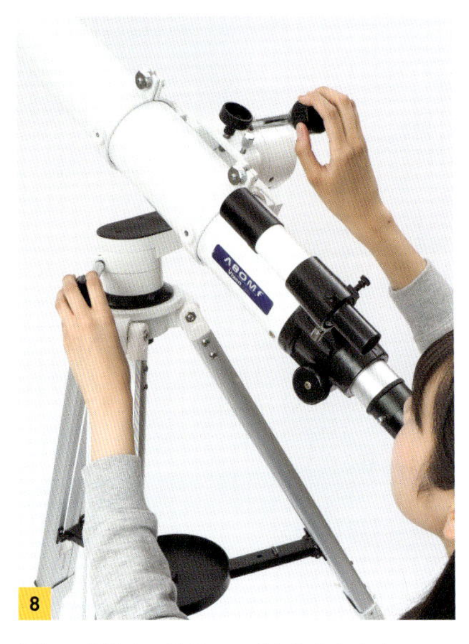

最初は低倍率の接眼レンズを装着します。このときファインダーと望遠鏡の視野が合致するか確認して、ずれていたら調整します。

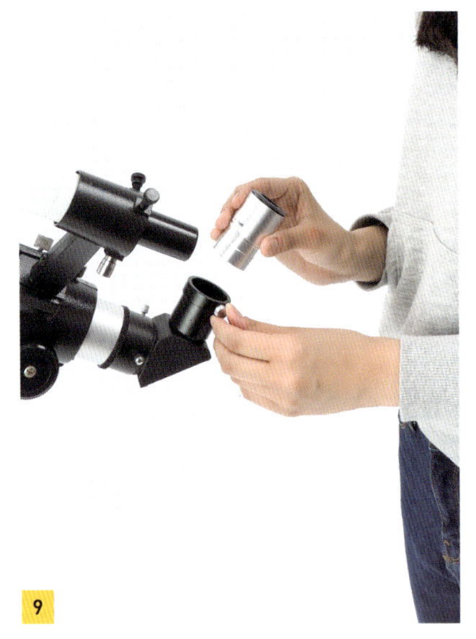

天頂付近をする場合は、観察しやすくなるよう天頂ミラーを取り付けます。

最後にもう一度、高度軸周りのバランスをチェックして、準備ができたら見たい天体を導入します。

屈折経緯台の各部の名称

天体導入機能付望遠鏡（GOTO 望遠鏡）

天体観測をはじめたばかりの人や、旅行先などでの気軽な星空観察に便利なのが、天体導入装置の付いた望遠鏡で“GOTO望遠鏡”ともよばれています。

望遠鏡の光学的な分類ではなく、望遠鏡に、見たい天体や、向けたい方向などのコマンド（指示）を入れると、望遠鏡がその天体を自動的に導入してくれるシステムを備えた望遠鏡を指しています。

GOTO望遠鏡は、小型のものから、観測ドームの中に設置するような大型望遠鏡まで、いろいろな種類があります。小型のものは架台と鏡筒が一体型で、ほとんどが組み立て不要です。

1

三脚をしっかり広げます。なるべく水平になるようにします。三脚に水準器が付いている場合は、水準器で水平を見ながら設置します。

2

架台を三脚に取り付けます。三脚と架台の接続が、天体を観察している途中で緩まないよう、しっかりと固定しましょう。

鏡筒を架台に取り付けます。クランプが緩んでいますと、望遠鏡の鏡筒が落下して、破損の原因となりますので、しっかりと固定します。

ファインダーを取り付けます。接眼部に天頂ミラーや接眼レンズを取り付けます。

ファインダーやアイピースなどを取り付けたあと、鏡筒の前後のバランスが合っているかを確認し、位置の調整を行ないます。

天体を導入する前に、天体望遠鏡の設定が必要です。天体導入ソフトに従い、望遠鏡をセットします。セッティングが完了後、天体が導入できます。

天体導入機能付望遠鏡（GOTO 望遠鏡）の各部の名称

ドブソニアン式望遠鏡

ドブソニアン式望遠鏡とは、米国の天文家ジョン・ロウリー・ドブソンさんが1950年代に考案した、天体望遠鏡のスタイルです。経緯台式のニュートン式反射望遠鏡で、水平・上下の微動クランプがなく、望遠鏡を固定しません。鏡筒部分などをつかんで見たい天体の方向に望遠鏡を変え、気軽に星空を楽しむことができる望遠鏡です。

口径の大きさのわりに、価格が安価であることがドブソニアン望遠鏡の魅力です。操作が簡単なので、これから天体観測を始める人にもおすすめです。

口径30cmから50cm程度の口径の大きな反射鏡を組み込んだものが、1980年代から多く市販されるようになりました。とくに1986年前後のハレー彗星が地球に接近したころには、彗星の観測などで流行った望遠鏡です。

構造が簡単で操作が楽であること、安価で大口径の望遠鏡が入手できたこともあり、多くの天文ファンが購入しました。口径の大きな反射式ドブソニアン望遠鏡は、暗くて淡い星雲、星団、そして彗星観測に使われました。

架台の台座とベースを地面に置きます。このとき水準器でしっかり水平を出しておきます。レンガやブロックの上に置くとより安定します。

鏡筒を運んで台座に載せます。写真のドブソニアン望遠鏡は鏡筒が伸縮式で、縮んだ状態で運びます。

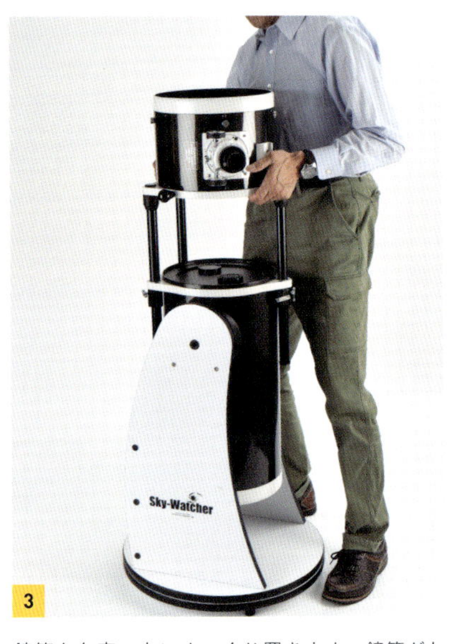

鏡筒を台座の上にゆっくり置きます。鏡筒がしっかり台座にはまったか確認します。

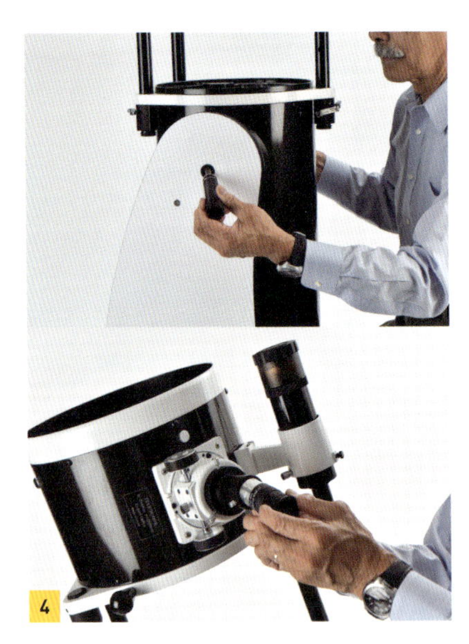

伸縮式の鏡筒を伸ばして、架台の耳軸を固定します。ファインダーや接眼レンズを取り付けます。

最後に主鏡を保護しているキャップを忘れず取り外します。ファインダーが合っているかを確認して、ズレていたら調整します。

● ドブソニアン式望遠鏡の各部の名称

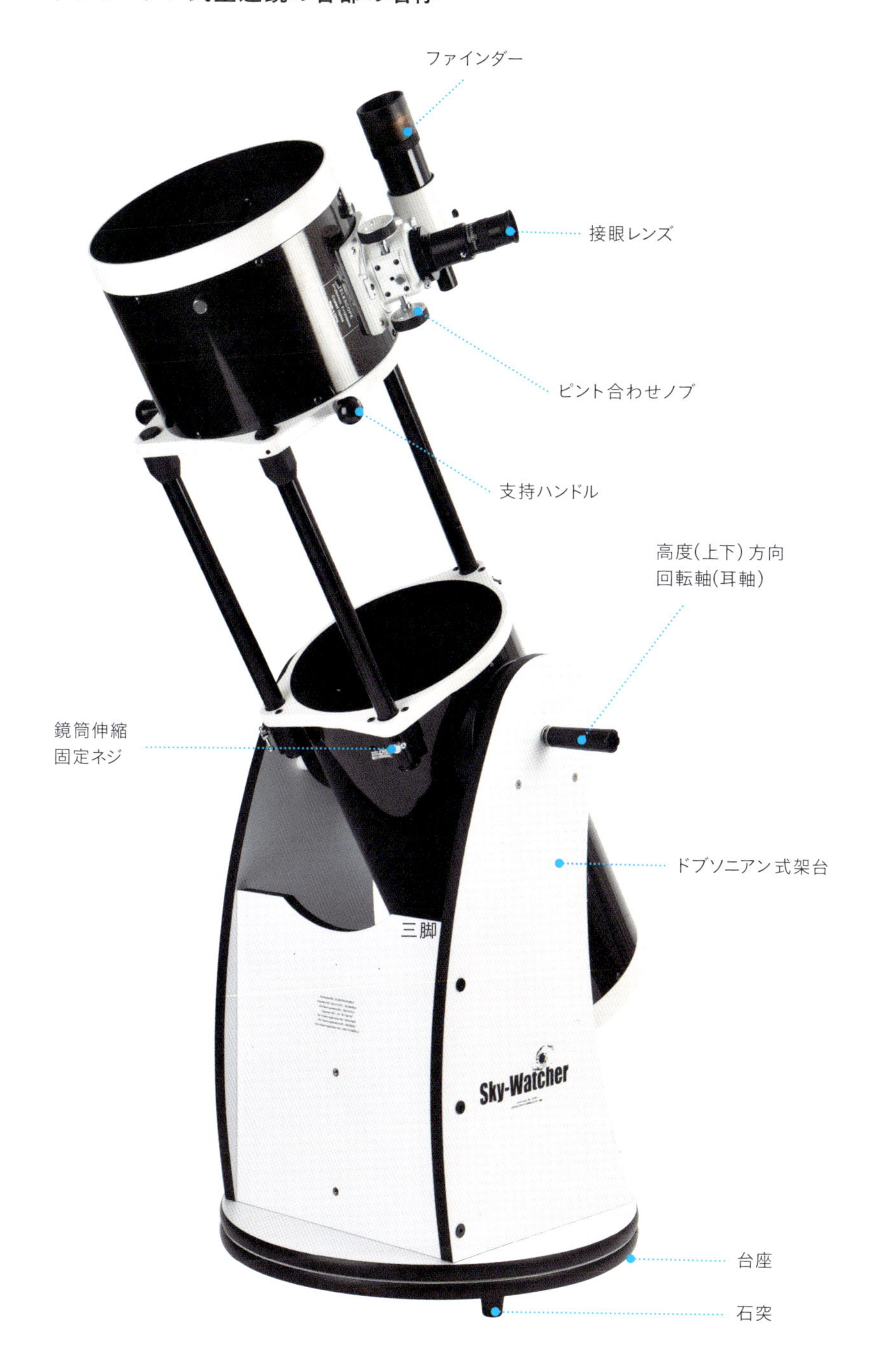

屈折赤道儀

屈折望遠鏡と赤道儀式架台、三脚を組み合わせた望遠鏡の組み立てプロセスです。経緯台とくらべると構造が少し複雑になり、組み立てもにも手間が少し増えます。

経緯台でのバランス調整は、とても簡単で、鏡筒の位置を前後にスライドさせて調整するだけでした。

いっぽう、ドイツ式の赤道儀では、鏡筒の前後のバランスのほかに、極軸に対して、鏡筒とウエイト（重り）とのバランスを取る必要があります。

また、赤道儀の架台では、望遠鏡を組み立てたあとに、極軸合わせの作業が必要になります。赤道儀の極軸（赤緯軸）と地球の地軸（自転軸）が平行になるよう赤道儀をセットします。

1

まず伸縮自在の三脚を観測しやすい高さに調整します。観測場所が少々斜めでも架台を載せる台座が水平になるように調整します。

2

架台を三脚台座に載せます。この時、架台の水平調整用ノブの中央に台座のピンが入るようにします。その後、固定ノブを締め付け架台を固定します。

架台にバランスウエイトシャフトを取り付けます。シャフトは内臓されてる架台もありますので引っ張り出しましょう。

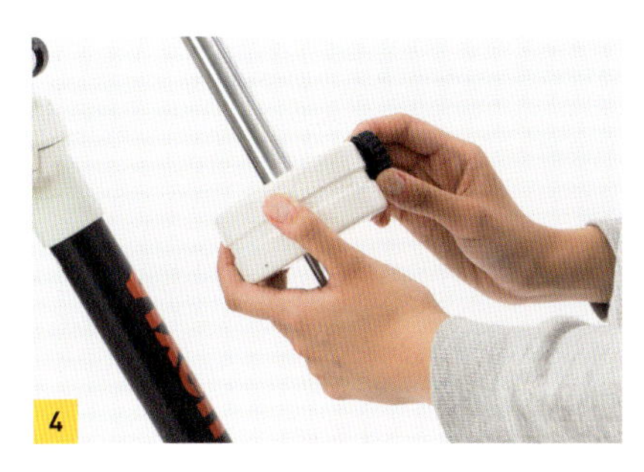

その後、バランスウエイトを差し込みます。この作業工程で落下させないように注意しシャフトの先端の落下防止ねじを忘れずに取り付けてください。

鏡筒は架台にしっかりと取り付けます。溝にはまっているか確認し固定します。大切な鏡筒の落下を防ぎましょう。

全体のバランスを調整します。まず鏡筒にファインダーやアイピースを付けた後に前後のバランスがあっているか赤緯クランプを緩め調整します。

次に赤経クランプを緩めバランスウエイトを前後させ鏡筒とのバランスを調整します。この時に鏡筒の向きはどこでもいいです。共に両手で支え重さの感覚で調整します。

いよいよコントローラーのコネクターを差し込みます。電源は架台に内臓してあるものと外部電源が必要な場合があります。差し込み口にしっかり取付けましょう。

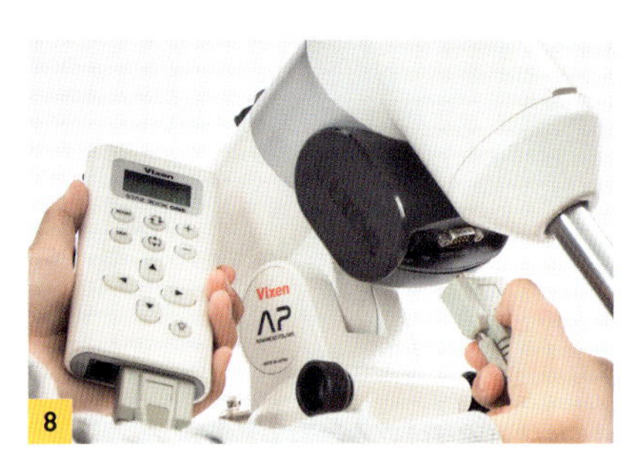

観察に適したアイピースを差し込みます。落下することのないようにビスで止めることを忘れないようにしたいものです。

このXYスポットファインダーや一般的なファインダーを取り付け部に差し込む方向を間違いないようにし、観測中落下しないように止めネジで確実に締めましょう。

屈折赤道儀の各部の名称

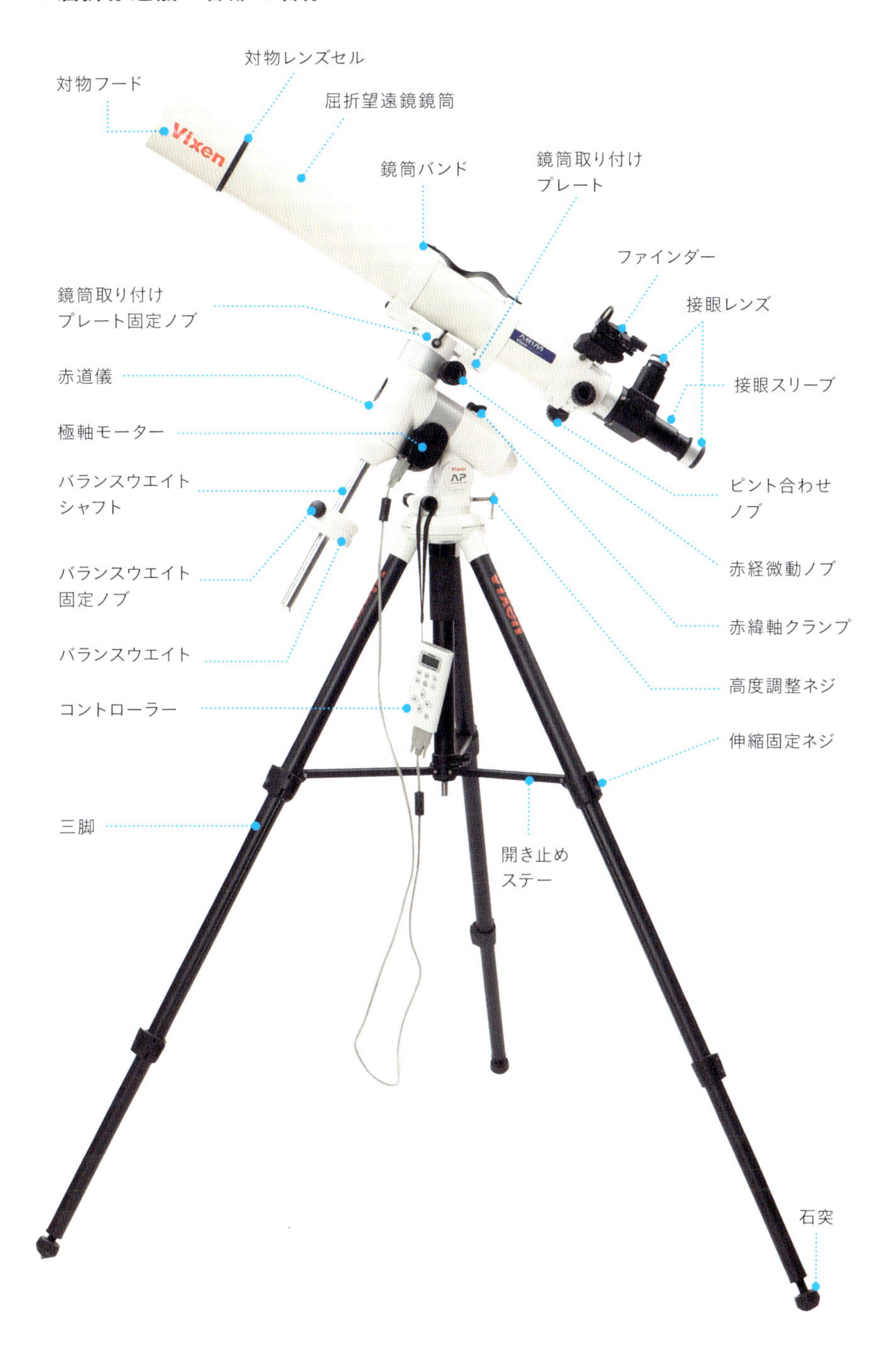

反射赤道儀

ニュートン式反射望遠鏡筒と赤道儀式架台、アルミ三脚を組み合わせた天体望遠鏡の組み立てです。

鏡筒は口径130mmで、反射望遠鏡としては軽量でコンパクトなニュートン式反射望遠鏡です。接眼レンズを使った観察はもちろん、天体観測や撮影も充分楽しめます。

架台はシンプルなドイツ式赤道儀です。極軸に取り付けられた追尾モーターで、天体の日周運動を追尾します。また、赤緯軸にモーターを取り付けると、極軸、赤緯軸ともモーター駆動で望遠鏡を動かすことができます。反射赤道儀の組み立ての様子を見てみましょう(屈折赤道儀と同じ工程は省きます)。

反射望遠鏡の鏡筒を、赤道儀に固定します。鏡筒はこのように水平になる向きで取り付け作業をすると安全です。

赤緯軸が水平になる位置でバランスウエイトの位置を調節して、極軸周りのバランスを調整します。

バランスウエイトシャフトの取り付け位置を調整して、鏡筒とバランスウエイトのバランスをとります。

組み立てとバランス調整が終わったら準備完了です。ニュートン式反射望遠鏡は鏡筒を回転させて接眼部を見やすい位置にしてのぞきます。

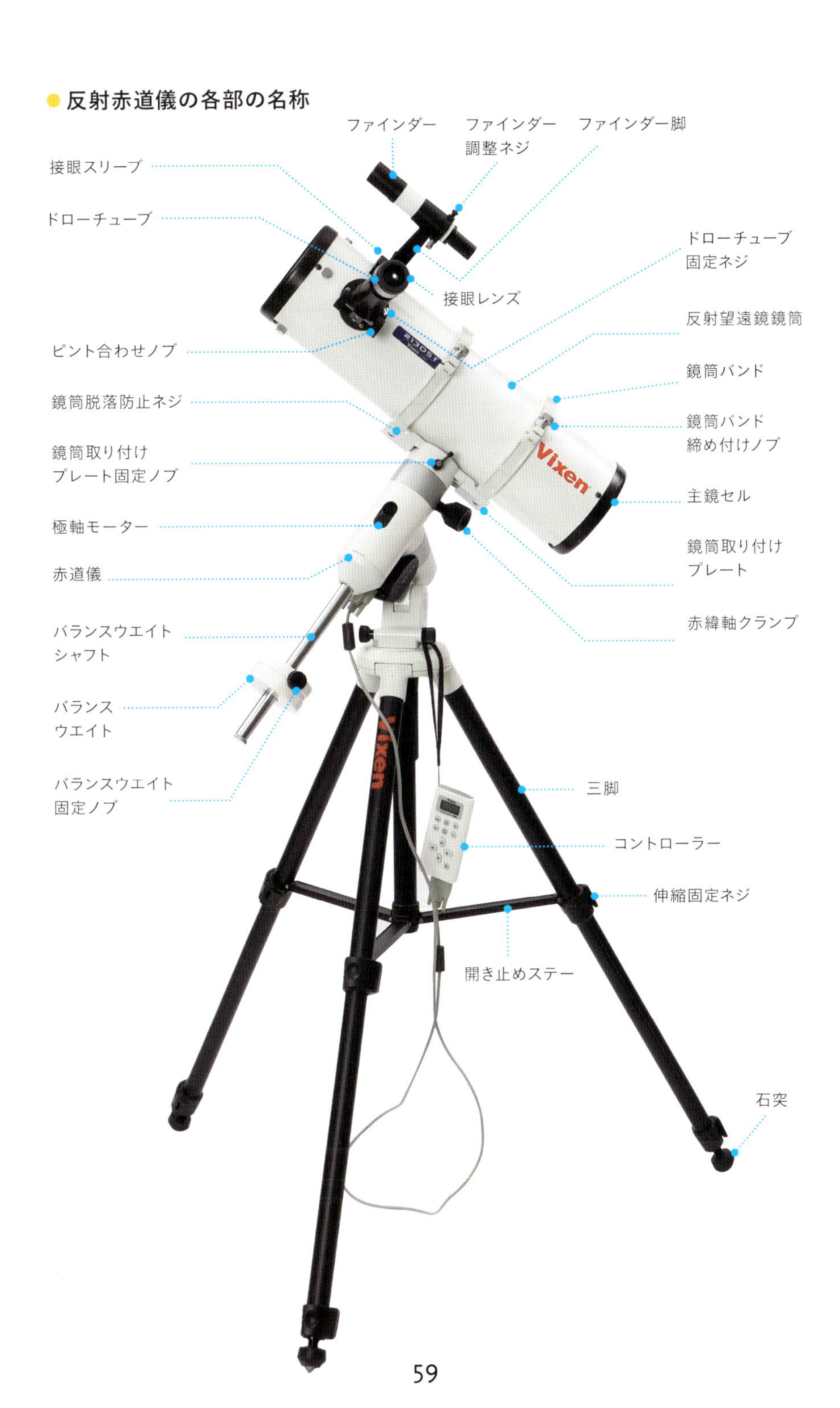
反射赤道儀の各部の名称
ファインダー
ファインダー調整ネジ
ファインダー脚
接眼スリーブ
ドローチューブ
ドローチューブ固定ネジ
接眼レンズ
反射望遠鏡鏡筒
ピント合わせノブ
鏡筒バンド
鏡筒脱落防止ネジ
鏡筒バンド締め付けノブ
鏡筒取り付けプレート固定ノブ
主鏡セル
極軸モーター
鏡筒取り付けプレート
赤道儀
赤緯軸クランプ
バランスウエイトシャフト
バランスウエイト
バランスウエイト固定ノブ
三脚
コントローラー
伸縮固定ネジ
開き止めステー
石突
Vixen
R130Sf

シュミットカセグレン式望遠鏡

シュミットカセグレン式の望遠鏡は、カタディオプトリック望遠鏡です。大口径で鏡筒が短く軽量なので人気があります。フォーク式架台のモデルが多く、小型のものは片持ちフォーク式で一体型のものがほとんどです。鏡筒単体で発売されているモデルは、ドイツ式赤道儀や経緯台などと組み合わせることができます。

このタイプの架台は、天体導入装置と天体追尾装置の機能が両方備わっているものがほとんどです。

1

望遠鏡を設置する場所まで、まず三脚を運びます。足は閉じたまま、縮めた状態で運びます。

2

三脚を開いて組み立てます。三脚はスチール製で非常にガッチリしています。

三脚に架台を載せます。小型の場合は、鏡筒が一体のものもあります。

架台を三脚に載せたら、固定ノブを締め付けて、しっかり三脚に固定します。

シュミットカセグレン鏡筒を架台に取り付け、固定します。取り付ける向きを確認してから取り付けましょう。

望遠鏡の取り付けプレートがきちんとはまったら、鏡筒固定ノブをしっかり固定します。

7

コントローラーを架台に取り付けます。外部バッテリーが必要なときは、このときに取り付けます。

8

ファインダーや天頂ミラー、接眼レンズを取り付けます。

9

鏡筒の前後のバランスを確かめます。バランスが合っていない場合は、鏡筒を前後させて合わせます。

10

三脚と「架台＋鏡筒」の間にウェッジとよばれる傾きの付いた台を取り付けると、フォーク式の赤道儀になり、長時間露出の天体写真を撮影することもできます。

シュミットカセグレン式望遠鏡

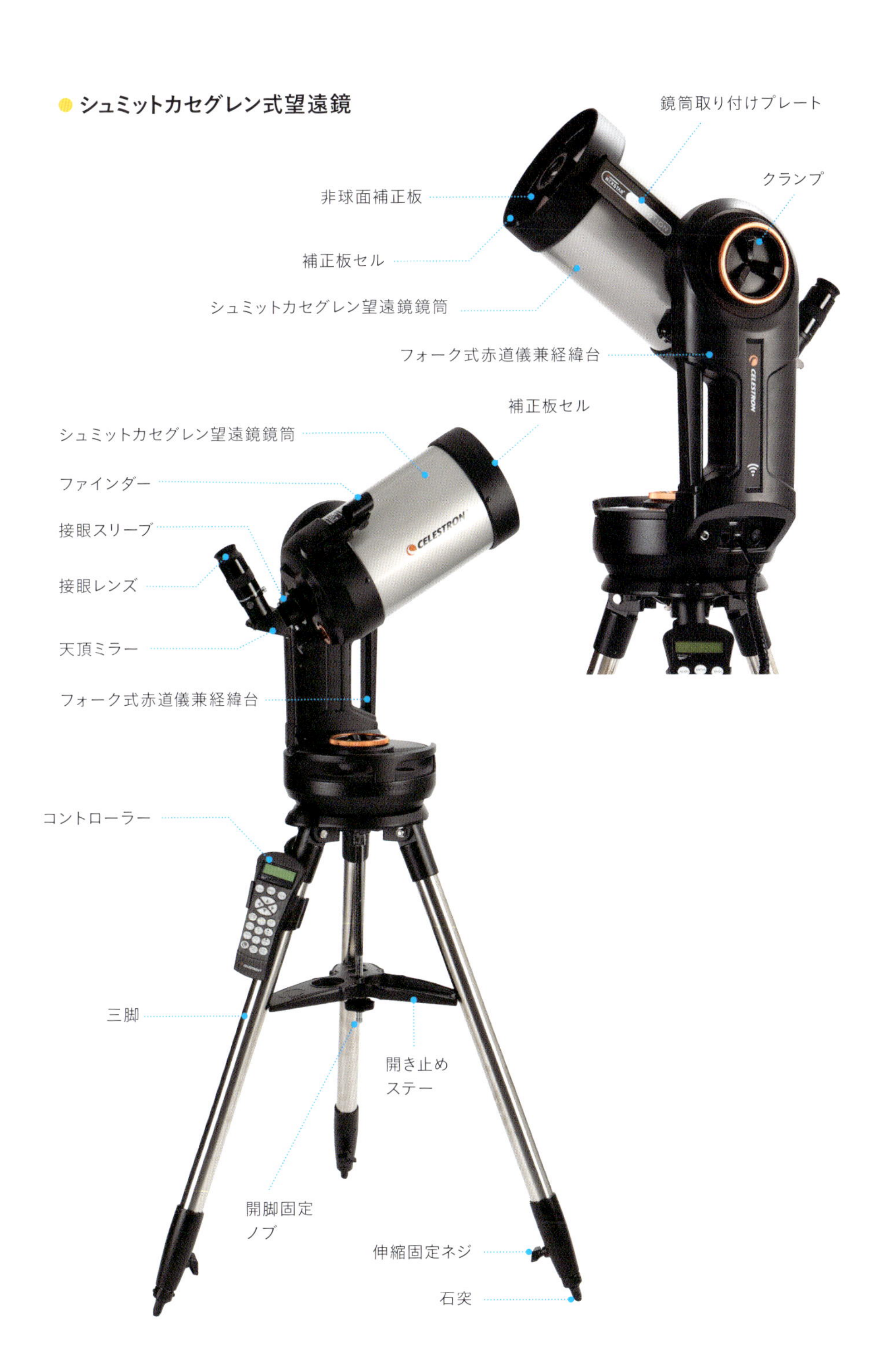

望遠鏡の設置に必要な知識（天球と日周運動）

星の動き（日周運動）

太陽や月、そして夜空の星たちは、東から西へと空を回っています。これは地球の自転運動によるもので、日周運動とよばれているものです。

天体が地平線の近くや前景の建物などの近くにいないと、天体の日周運動の速さは実感しづらいものですが、望遠鏡で天体を観測していると、日周運動で動く天体の速さが意外に速いことに驚かされます。望遠鏡で天体を観測するには、この天体の日周運動による動きを追尾しなければなりません。

天体の動き

北の空の天体の動き

南の空の天体の動き

東の空の天体の動き

西の空の天体の動き

天球と赤道座標

日周運動による天体の動きを理解するには、天球と天体の位置を示す赤道座標について知っておくと便利です。

天球は地心（地球重心）あるいは測心（観測地）から無限大の距離にある仮想球に天体をマッピング（射影）したもので、太陽や月、惑星、恒星などの位置を球面座標系で表わすことができるようにしたものです。

一般的にもよく使われる地平座標は、地平線を基準に方位角、高度で位置を表わします。しかし天体は地球の自転により日周運動をすることから、天体の位置は地球の北極、南極を射影した天の北極、天の南極、それに地球の赤道を天球に投影した大円、天の赤道を基準とした赤道座標で表わします。地球上の位置を緯度、経度で表わすように、赤道座標では天体の位置を赤緯、赤経で表わします。

● **天球の概念と赤道座標、黄道**

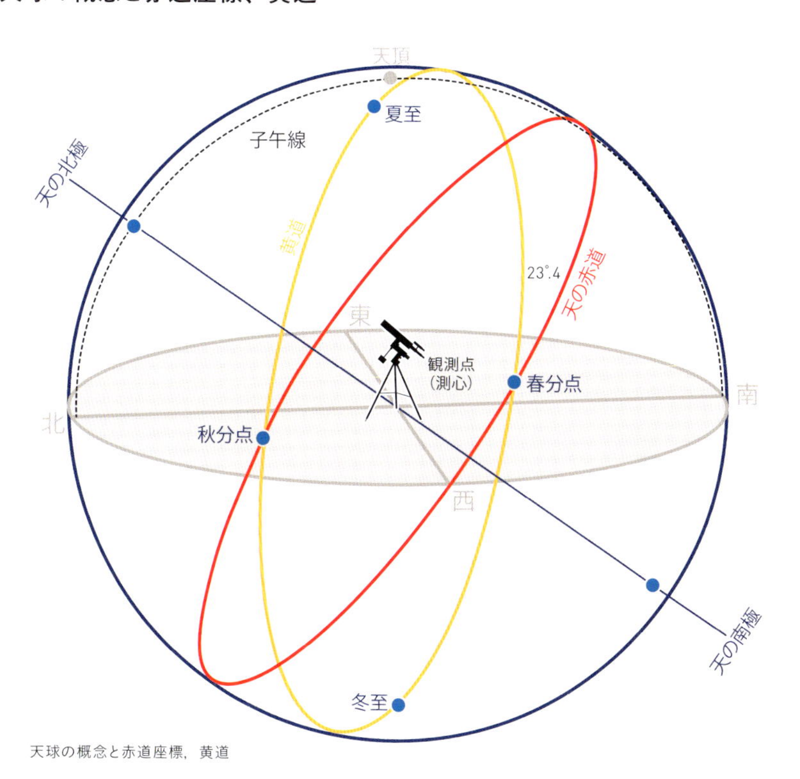

天球の概念と赤道座標，黄道

赤道儀式架台の設置

極軸の調整

望遠鏡の架台には大きく分けて、経緯台式と赤道儀式があります。ここでは日周運動を1軸だけで追尾することができる、赤道儀式架台の設置方法について紹介します。

赤道儀式架台は2軸が可動して、望遠鏡を天球のどの方向にでも向けることができますが、その軸の一つである極軸を、天の北極と南極を結ぶ軸と正しく平行に設置しないといけません。この調整を「極軸の調整」や「極軸合わせ」とよんでいます。

極軸が正しく調整されていると、極軸を日周運動の速度に合わせて駆動(恒星時駆動ともよびます)することで、天体を極軸の動きだけで追尾できるようになります。一方、極軸の調整が不充分だと、視野中心にとらえた天体が時間の経過とともに視野中心からズレていってしまいます。このズレは望遠鏡の倍率が高いほど大きくなってしまいます。高倍率で天体を観測したいときや天体写真を撮りたい場合などは、できるだけ正確に極軸を調整するようにしましょう。

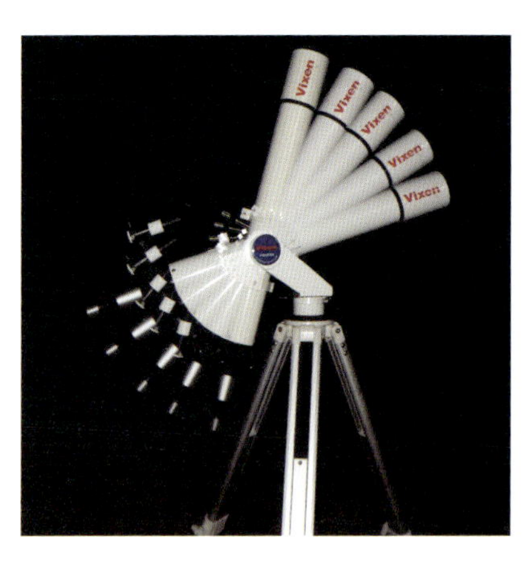

経緯台の動き

赤道儀の動き

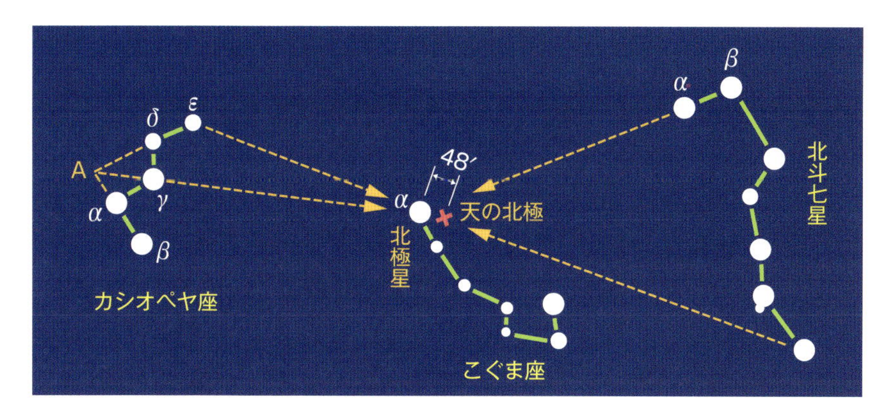

北極星の見つけ方

天の北極近くに輝く北極星は、天の北極を知るためのよい目安になります。都市部でも見つけやすい、北斗七星やカシオペヤ座からたどるとよいでしょう。

簡易的な極軸の調整

低倍率で天体を気軽に観望したいときなど、用途によっては極軸の調整は簡易的なものでも構いません。そんなときは赤道儀式架台の極軸を、前ページで紹介した北極星の方向に向くように調整するだけでもOKです。極軸の南側から目分量でのぞいて、極軸がおおよそ北極星を向くように、赤道儀式架台に付いている極軸の方位を、高度用の微動ネジなどを使って調整します。

赤道儀式架台に、極軸調整を行なうための小型の望遠鏡、極軸望遠鏡が内蔵されている場合は、それをのぞいて視野中心に北極星が見えるように、方位と高度を調整するだけでもOKです。

自宅の庭やベランダなど北極星が見えないところに望遠鏡を設置したい場合、太陽や日食の観測など日中のうちに望遠鏡を組み立てたい場合は、水準器やコンパス、傾斜計などを使って、

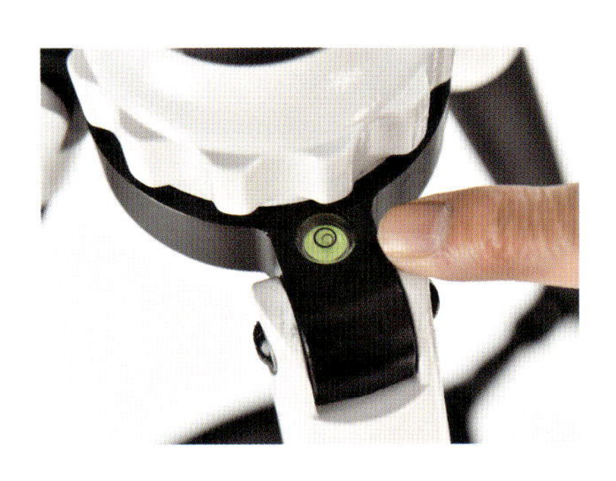

水準器を使って架台を水平に設置する。

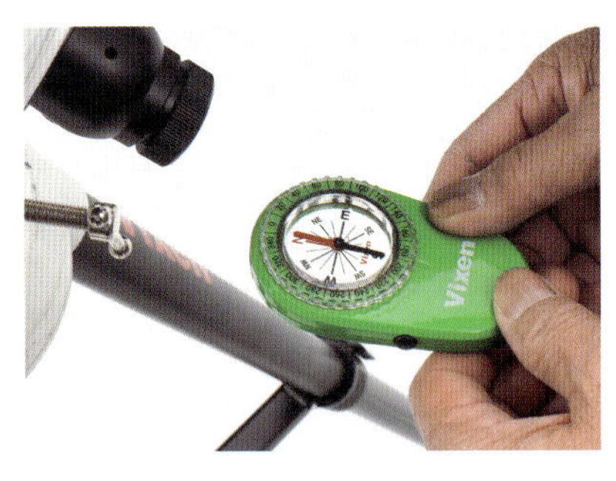

コンパスを使って極軸の方位を真北に合わせて調整する。

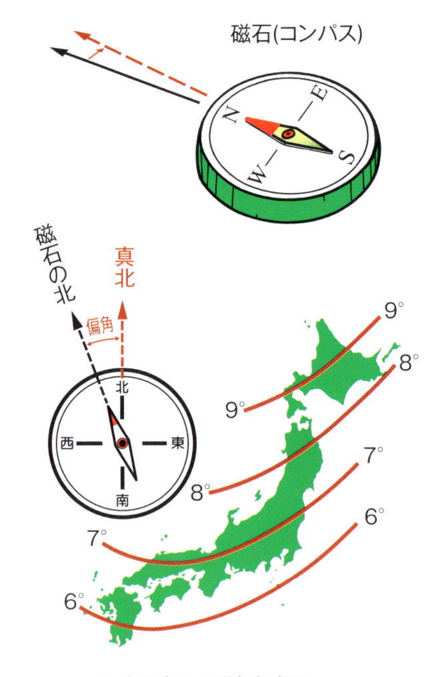

日本国内での磁気偏角図

傾斜計を使って極軸の高度を観測地の緯度に合わせて調整。

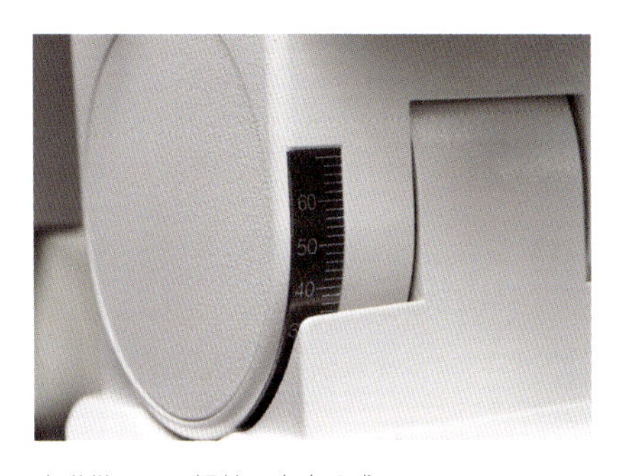

赤道儀にある極軸の高度目盛り。

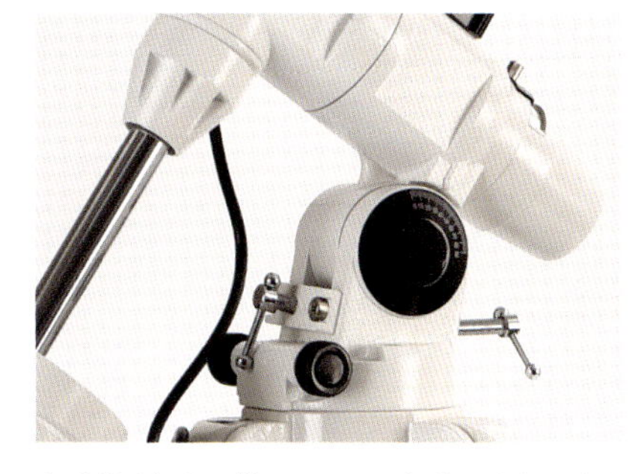

赤道儀式架台に備えられた、極軸の方位、高度を調整する微動ネジ。

簡易的に極軸調整を行なうこともできます。以下は簡易的な極軸調整の手順です。

1. 水準器を使って、赤道式架台を三脚の足を伸縮させるなどして水平に設置します。水準器が内蔵されている赤道儀もあります。

2. コンパスを使って、極軸が真北を向くよう調整します。磁針を使ったコンパスを使う場合は、望遠鏡を設置する場所に則って偏角補正をするようにしてください。GPSが内蔵されたデジタルコンパスやスマートフォンのコンパスアプリなどでは、偏角を自動補正してくれるものがあります。

3. 傾斜計を極軸と平行になっている面にあて、観測場所の緯度と同じ値になるように傾きを調整します。緯度35.7°の東京都新宿区では傾斜角35.7°という具合です。赤道儀に極軸の高度目盛りがある場合は、それを使っても大丈夫です。

極軸望遠鏡を使った極軸の調整

　都心部では空が明るくなり、暗い夜空のもとで天体を楽しみたいというときは、望遠鏡を持って遠征観測するというのが当たり前になってきています。そんななか、赤道儀式架台の極軸調整を簡単にそして正確に行なうために、極軸望遠鏡を内蔵できる赤道儀式架台が増えてきています。

　極軸望遠鏡は赤道儀の極軸と極軸望遠鏡の光軸が平行になるよう取り付けられた小型の望遠鏡です。接眼部からのぞくと、北極星の位置を指すスケールが刻まれていて、その指標に実際の北極星が合致するように、極軸を調整することで正確に極軸を調整することができる優れものです。

　市販の極軸望遠鏡にはさまざまなスケールのものが存在しますが、大きく分類すると2つの種類に分かれます。ここではその概略を紹介します。実際の極軸調整の手順はそれぞれの極軸望遠鏡によって異なりますので、説明書を見て行なうようにしてください。南半球で観測したい人は極軸望遠鏡が南

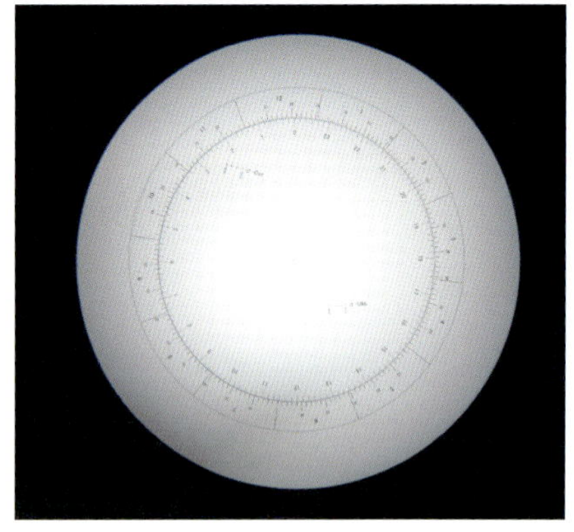

北極星の時角を利用する極軸望遠鏡のスケールパターン

天に対応しているかにも注意が必要です。

1.北極星とその付近にある星ぼしの配列を利用するもの

北極星を合わせた3つの星が記されたスケールが刻まれています。このスケールは回転させることができるので、極軸望遠鏡をのぞいて実際に見える3つの星がスケールと合致するように、極軸の方位と高度を調整します。北極星以外の星は暗いので、明るい都心部では、暗い星が見づらいのが欠点です。

2.北極星の時角を利用するもの

北極星は天の北極からわずかに離れていますので、日周運動により天の北極を中心に反時計回りに回転するように運動しています。北極星が天の北極を中心にして、どの方角(時角)にいるのかは計算して導くことができます。計算した現時刻での北極星の時角を、極軸望遠鏡のスケールにある時角メモリに該当する位置に北極星が見えるように極軸を調整することで、正確に極軸を調整することができます。

現時刻での北極星の時角は、星座早見盤のような北極星の時角早見盤を使うこともできますし、パソコンやスマートフォンのアプリでも知ることができます。

また極軸望遠鏡の中には日付と日時の2つのリングを使った北極星の時角を略算できるものもあります。

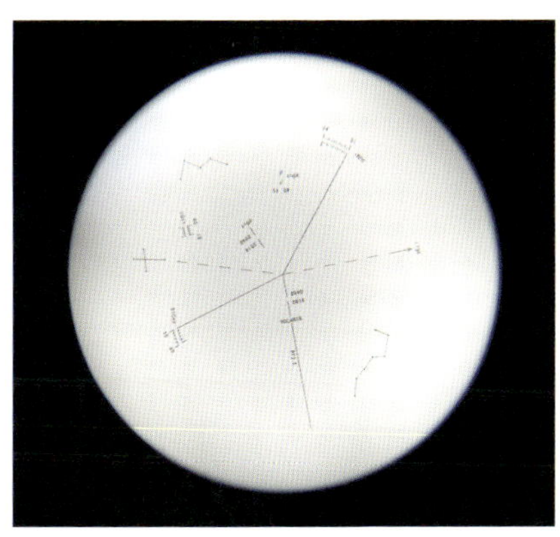

北極星とその付近にある星ぼしの配列を利用する極軸望遠鏡のスケールパターン

極軸を天の北極に向ける

経緯台はそのまま地面に設置するだけですぐに使えますが、赤道儀は極軸を天の北極に正しく向けて設置します。南半球では天の南極に向け、追尾の回転方向が逆向きになります。

極軸にモータードライブが付いていれば、自動的に日周運動を追尾してくれるので、一度視野にとらえた天体をずっと視界にとらえていますので、とくに高倍率での観測や写真撮影のときに役立ちます。

極軸が正しく天の北極に向いていない場合、極軸のずれが大きいほど、観察の倍率が高いほど、天体が視野の外に出てしまうので、速くなります。

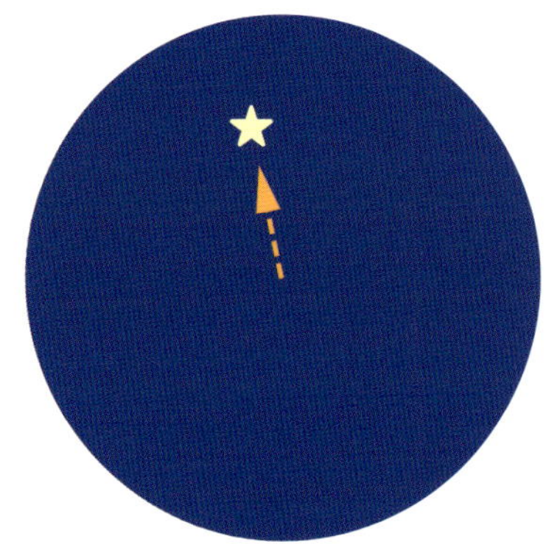

極軸が合っていないと

モータードライブで天の日周運動を追尾していても、極軸が天の北極に正しく向けて設置していないと、時間の経過とともに、視界にとらえた天体は、次第に視界から逃げていきます。設置誤差が大きいほど、倍率が高いほど、より早く視界から逃げてしまいます。極軸は正しく設置することに越したことはありませんが、長時間露出で写真撮影をする以外は、神経質になる必要はありません。星がずれた場合は、視界の中心付近にもどしてやればよいのです。

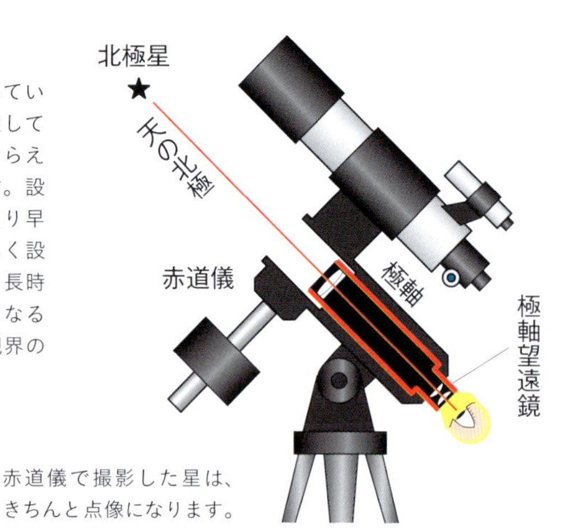

赤道儀で撮影した星は、きちんと点像になります。

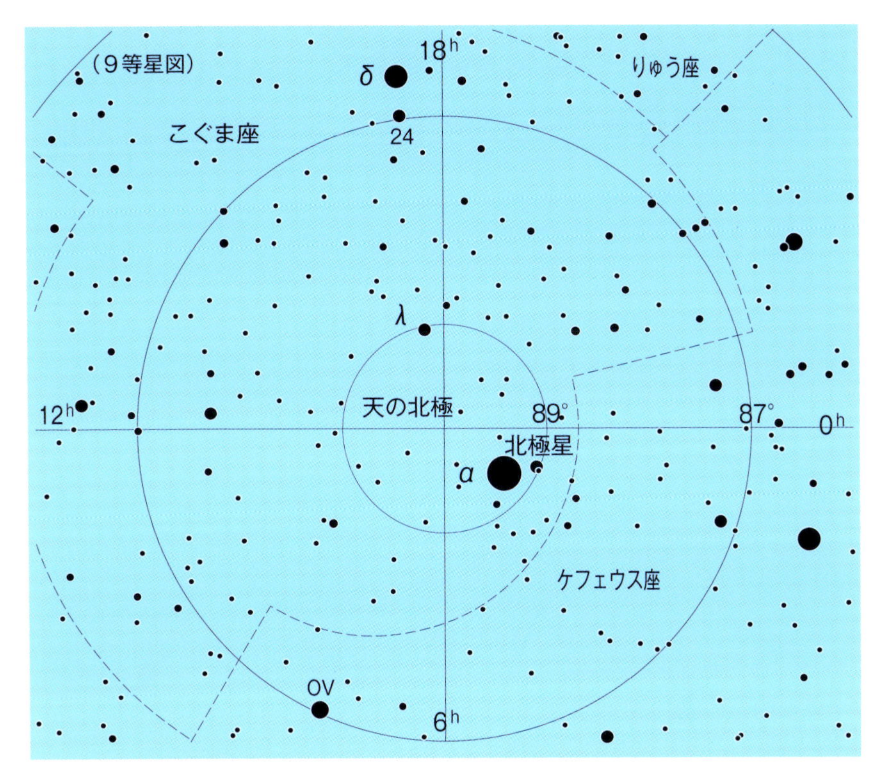

天の北極（星図）

天の北極は、地球自転軸の首振り運動（歳差や章動による運動）により年々変化していて、この本が出版された2019年では天の北極と北極星は0.65°、満月の直径の1個強ほど離れています。極軸調整をより正確に行なうには、この変化に合わせて極軸を合わせる必要があります。

極軸の向きの微調整

極軸をより正確に天の北極に向けたい場合は、追尾中の星が動いていく方向から微修正します。

極軸の方位の修正（南の方角の星を観察）

星が北へずれる　→　極軸の方位を東へ修正する
星が南へずれる　→　極軸の方位を西へ移動する

極軸の高度の修正（北東の方角の星を観察）

星が北へずれる　→　極軸の高度を下へ修正する
星が南へずれる　→　極軸の高度を上へ修正する

ファインダーとその種類

天体望遠鏡は、より遠くにあるものを大きくはっきり見るための道具ですが、これはごく狭い範囲のものを高倍率で見ていることになります。このため、望遠鏡の視野にねらった天体を手動で導入するのは、熟練者でも至難の業といえます。

そこで望遠鏡には、ねらった天体を素早く導入するための照準器のような役割を果たす、広視野で小型の望遠鏡を併設しています。これをファインダーとよんでいます。

ファインダーには通常十字線のレチクル（77ページ参照）が刻まれていて、この中心に天体を導入すると望遠鏡本体の視野にも天体が導入されるように調整して使います。ファインダーは望遠鏡には欠かせないもので、いろいろな種類のものが販売されています。

のぞき穴式ファインダー

望遠鏡の前後にある金具の穴を通して見た対象天体が望遠鏡の視野に入ります。

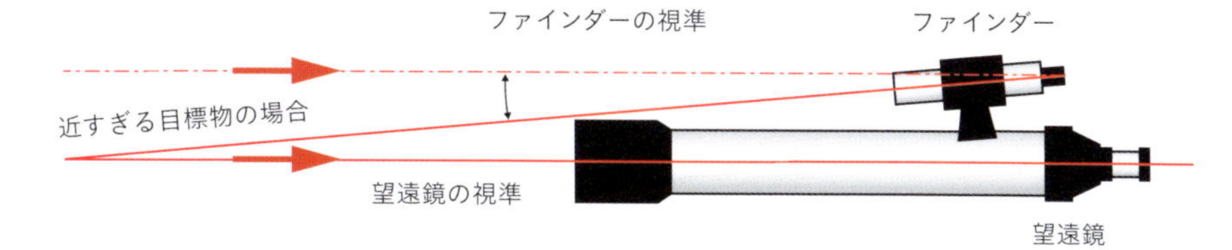

ファインダーと望遠鏡の視準を合わせる

望遠鏡の視準とファインダーの視準をよく合わせるには、昼間のうちに、できるだけ遠くの目標物に向けて調整しておきます。目標物が近過ぎる場合は、図のように望遠鏡とファインダーに視差（パララックス）が生じてしまい、正確な調整ができません。

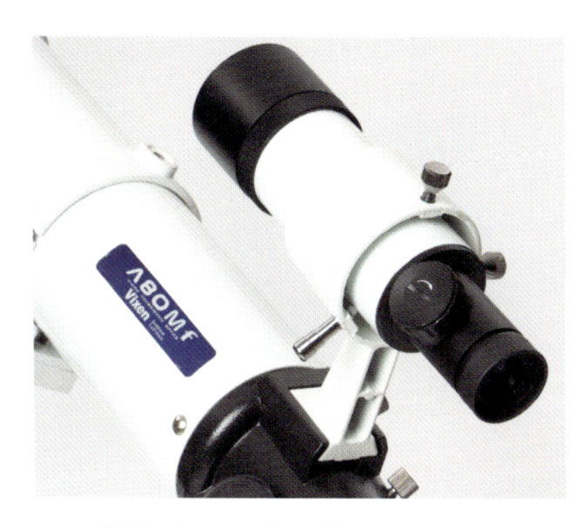

一般的なファインダー

一般的な小型望遠鏡タイプのファインダーです。倒立像のほかに正立像のものも販売されています。このファインダーには、暗視野照明装置が付いていて、夜空に溶け込んで見えないレチクルのみを照らす機能があります。

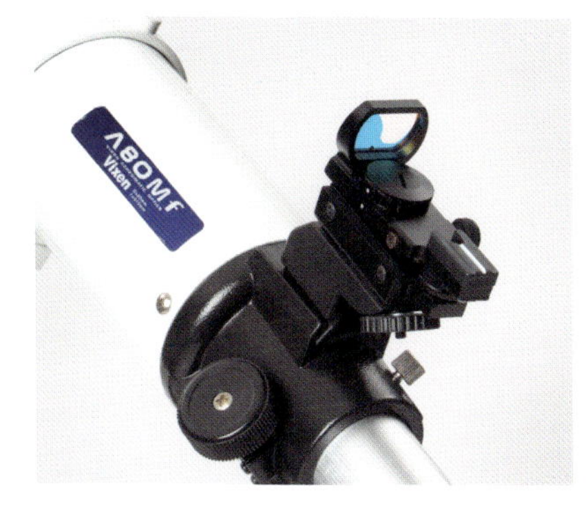

等倍ファインダー

LEDやレーザー光などを使って、照準用の光像を視界に浮かび上がらせるドットサイトファインダーです。望遠鏡によく使われるテラルド式ファインダーもこの一種です。光像の明るさが明る過ぎると天体観測に使えませんので、明るさを充分絞れるか、または天文用と名打っているものを使うようにしてください。

90度正立ファインダー

天体の像が正立像で見えるので、星雲や星団など星図や実際の星を見くらべながら天体を導入するのに便利です。

ファインダーの調整と使いかた

天体望遠鏡を見たい天体に向ける

望遠鏡、ファインダー

天体望遠鏡の視界はとても狭いので、天体の方向に望遠鏡を向けても、その姿を視界にとらえるのは簡単ではありません。そこで、視界の広い小望遠鏡を使って見たい天体の位置を見当づけて望遠鏡を向けようというのがファインダーの役割です。

ファインダーは小口径なので、その視界では直接見えない天体もたくさんありますが、周りの明るい恒星との位置関係から、目標天体の位置を見当づけることができます。

天体望遠鏡とファインダーの視準を水平に調整する

天体望遠鏡やファインダーの視野の中心が向いている方向を視準といいます。人の目でいえば視線のようなものです。この2つの視準を平行にするのがファインダーの調整です。

● ファインダーの調整

初心者は夜間にファインダーを調整するのは少しむずかしいので、昼間のうちに遠くの地上物を使って調整しておくとよいでしょう。望遠鏡をなるべく遠くの風景に向けて、望遠鏡の視界の中心に見える地上物が、ファインダーの視界の十字線の交点に重なって見えるようにファインダーの調節ネジを操作します。地上物は鉄塔などの先のように位置が決めやすいものが向いています。

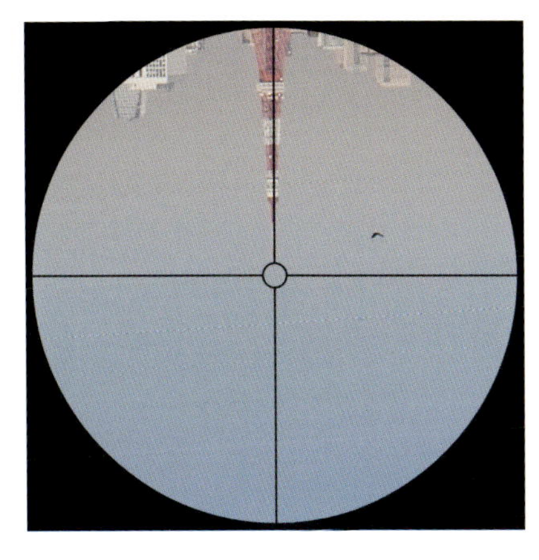

ファインダーの視界

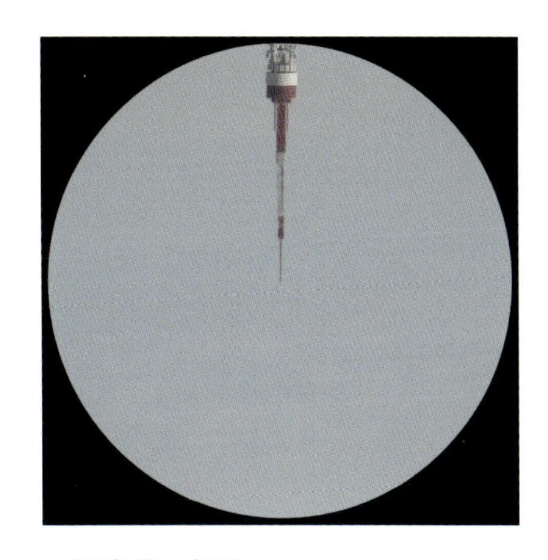

望遠鏡の視界

ファインダーの視界

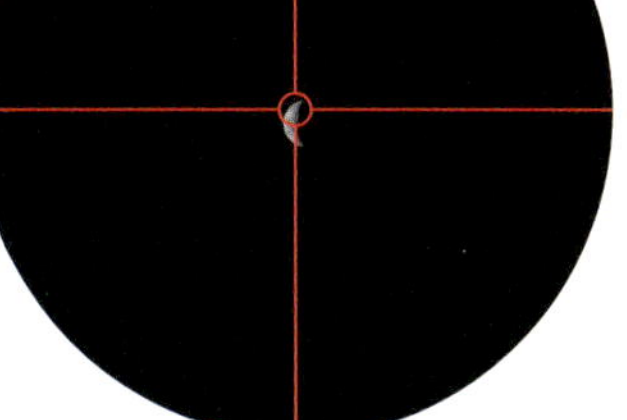

望遠鏡の視界

ファインダーの役割

ファインダーは、低倍率なので視界が非常に広く、天体望遠鏡を簡単に天体の方向に向けることができます。ファインダーの十字線の交点付近が望遠鏡の視界に大きく見えることになります。ファインダーは倒立像が見えるのがふつうですが、正立像が見えるタイプもあります。十字線は暗い視界に赤く照明されて見えるものと、黒い線だけが見えるものがあります。

ファインダーと星図で天体導入

月や惑星などは都会の夜空でも肉眼で見えるので、ファインダーの広い視界にとらえるのが簡単です。ファインダーの視界に見える十字線の交点付近に天体が重なるように望遠鏡を操作すれば、望遠鏡の視界に天体をとらえているはずです。

肉眼やファインダーでは見えないような薄暗い天体に望遠鏡を向けるには、天体の位置がわかる「星図」が必要です。星図とファインダーを頼りに、目標天体の周りにある明るい星ぼしの並びから位置を見当づけてとらえます。

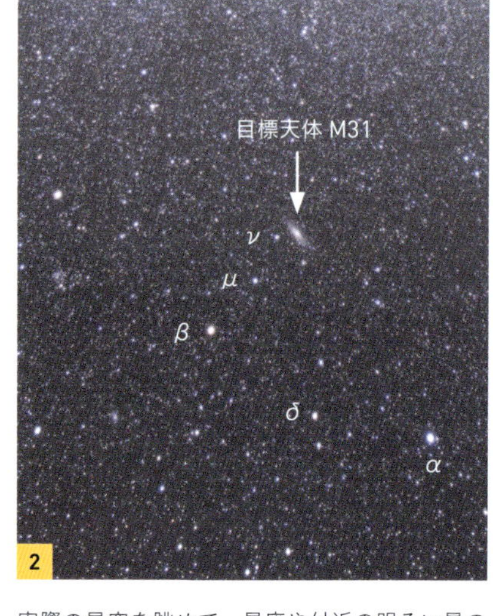

実際の星空を眺めて、星座や付近の明るい星の並びを見つけ出し、その方向にファインダーを向けます。

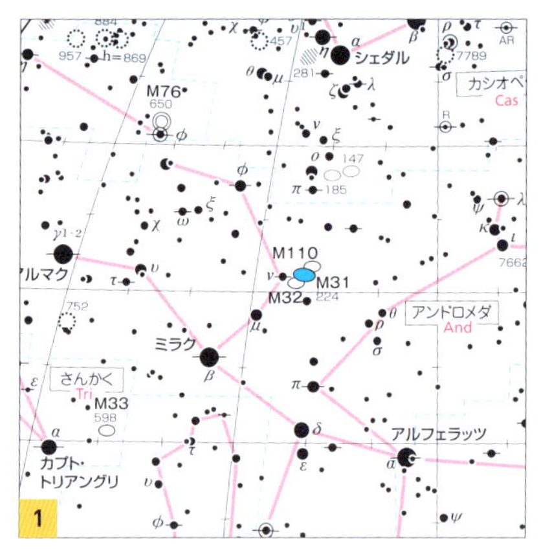

星図で見たい天体の位置を調べます。その天体が何座にあり、おもな明るい星との位置関係を見ます。

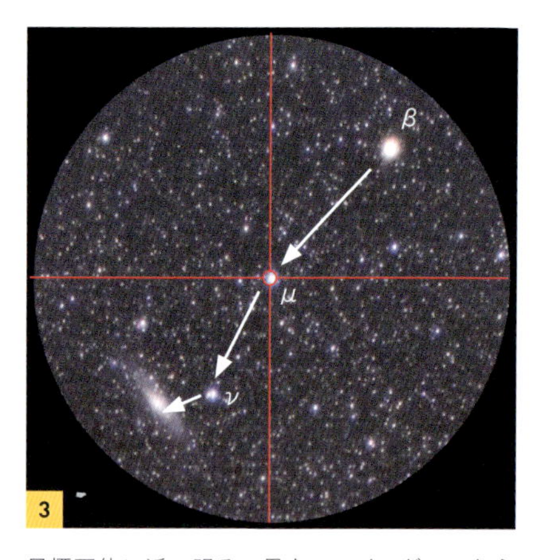

目標天体に近い明るい星をファインダーにとらえます。明るい星から特徴のある星の並びをたどるのも手です。

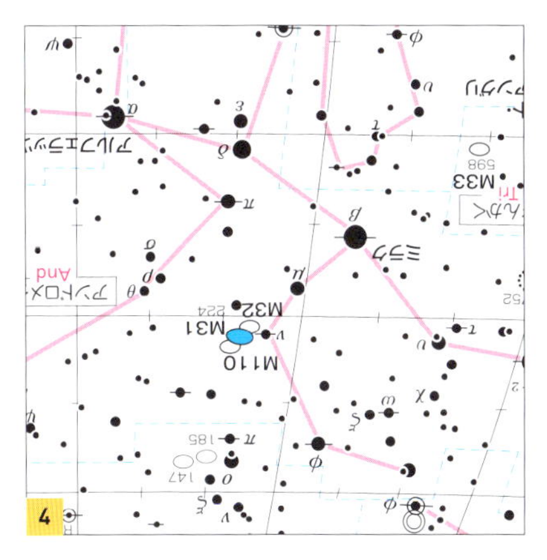

4

ファインダーの視界（倒立像）に合わせて星図を傾けると、視界の星との位置関係がわかりやすくなります。

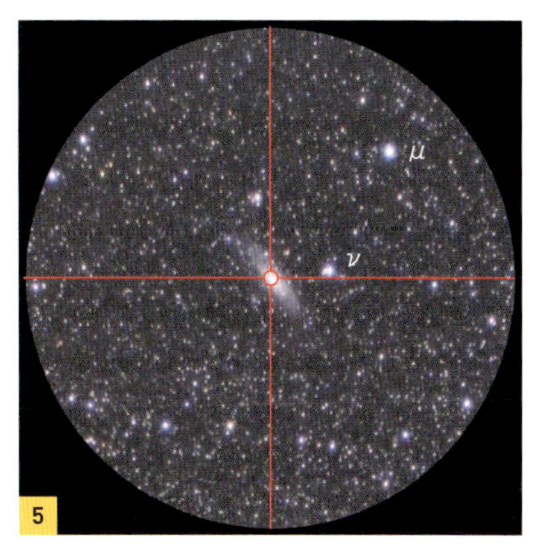

5

ファインダーに見える明るい星との位置関係から見当づけて、ファインダーの中心を目標天体に向けます。

6

望遠鏡をのぞくと、視界に目標天体をとらえているはずです。最初は望遠鏡の倍率は低めにして広い視界にしておくと、天体をとらえやすいでしょう。高い倍率にしたいときは、視界にとらえてから接眼レンズを交換します。

星空の地図「星図」を使おう

天体の位置を記した「星図」は、恒星を始め、いろいろな天体が記号で記された星の地図です。星図には天球上での位置を示す、赤経・赤緯という2つの座標目盛が付けられていて、これはちょうど地球上の経度・緯度にあたるものです。この星図を使うと、望遠鏡を向けたい天体のおよその位置「赤経・赤緯」が読み取れます。この位置は、天体のガイドブックや「星表」に詳しい値が載っています。

赤道儀の目盛環を使って天体をとらえる

目盛環を備えた機種の望遠鏡では、望遠鏡が向いている位置「赤経・赤緯」を目盛で読み取れるので、これを使って見たい天体を視界にとらえることもできます。

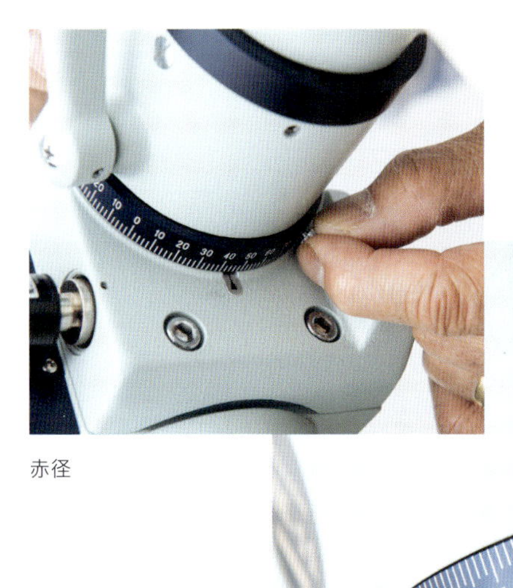

赤径

目盛環の付いた赤道儀

このような機械式の目盛環を備えた赤道儀は少なくなりました。天体導入装置の付いた機種では、モニターに望遠鏡が現在向いている位置「赤経・赤緯」が表示されます。

極軸（赤緯）

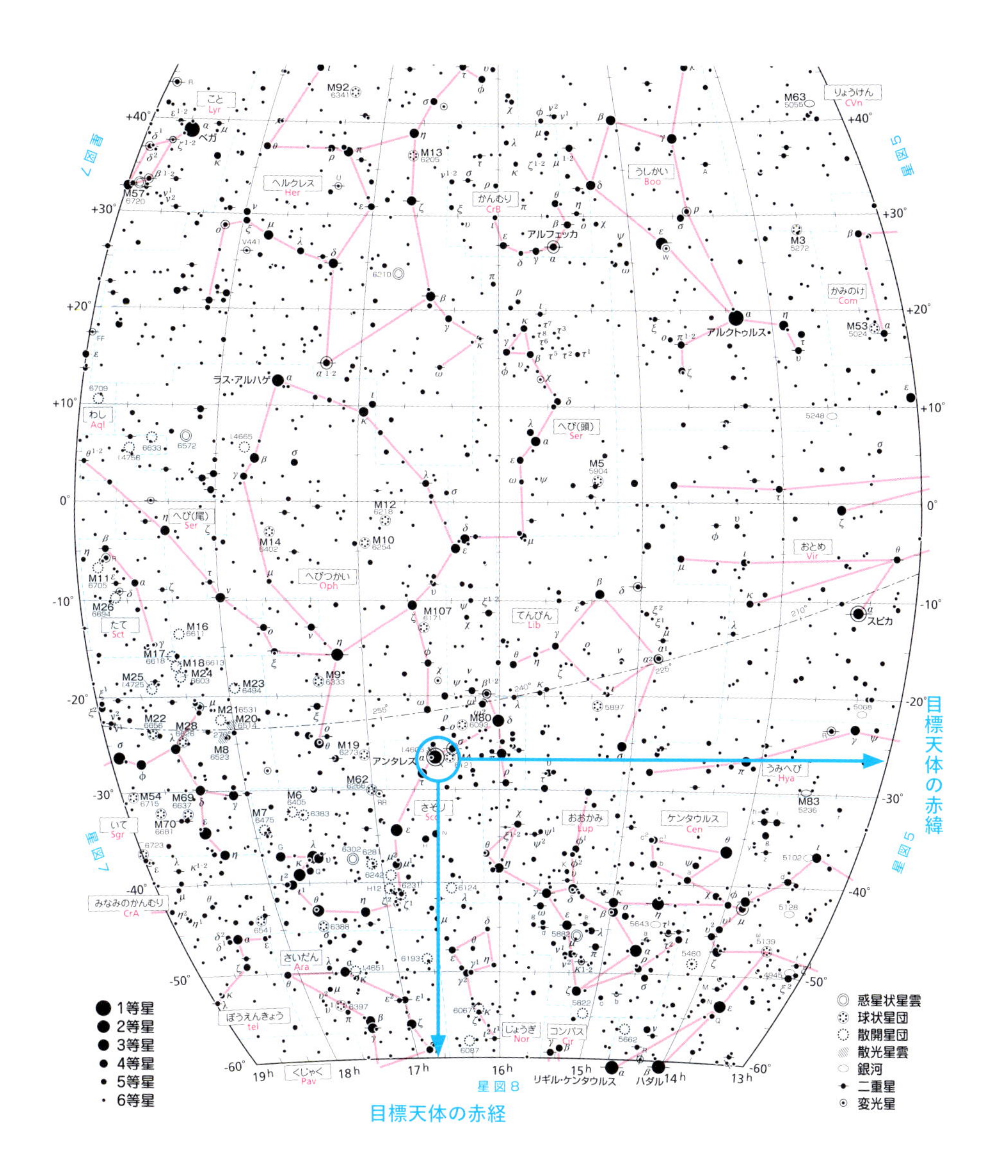

さまざまな天体の位置が記された星図の例

地表の地図上の位置は「経度・緯度」で表わされますが、天球上の天体の位置は「赤経・赤緯」で表わされます。赤経は春分点を0hとして、東回りに時刻目盛が振られ、1周360°が24時間です。天体は24時間でちょうど1h分、日周運動で西へ進みます。赤緯は天の赤道を0°として、北が+、南が−になります。天の北極が+90°、天の南極は−90°です。目標天体の位置を調べるだけでなく、位置のわかっている天体が、何座のどのあたりにあるのか見当づけることもできます。

便利な天体導入装置

天体望遠鏡の視界に見たい天体をとらえるには、ファインダーと星図が必要です。しかし、淡くて暗い天体やなじみのない天体を視界にとらえるのは、ベテランの観測者でもむずかしいこともあります。それを簡単に、ほぼ自動的にこなしてくれるのが天体導入装置です。装置に表示される天体の名前やカタログ番号から見たい天体を選ぶと、望遠鏡がその天体に向けられて視界にしっかりとらえてくれます。天体導入装置は、ビギナー向けの天体望遠鏡にも搭載されているものもあります。スマートフォンやパソコンから操作できるものや、専用のハンドセットで操作するもタイプがあります。

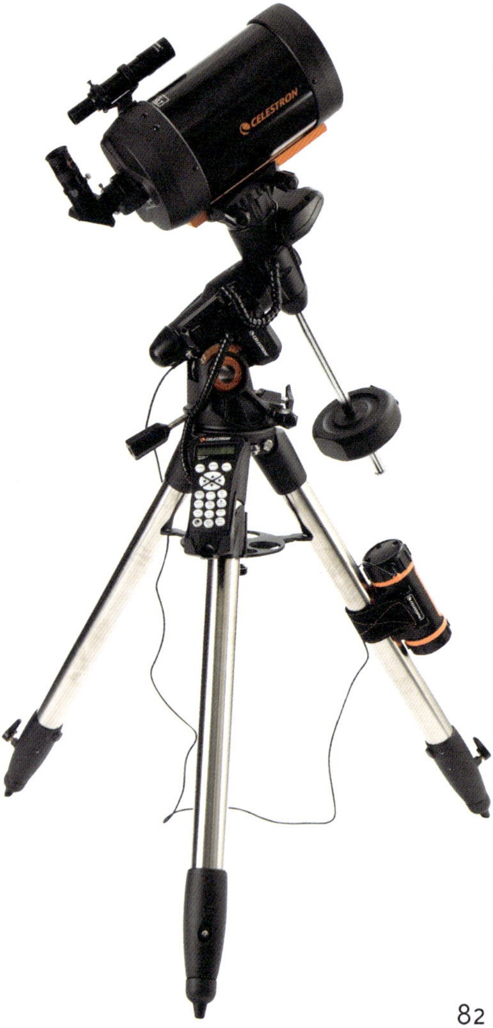

天体導入装置の付いた赤道儀の使いかた

赤道儀の場合は、極軸を合わせたらホームポジションに望遠鏡を向けてスタートします。最初に1〜2等級の明るい恒星に自動的に望遠鏡が向くので（基準星といいます）、その明るい星が視界の中心に入るように、モータードライブで位置を修正します。通常、これを2〜3星について行ないます。この初期設定を「キャリブレーション」といい、機械と実際の星空の位置の誤差を学習させます。あとはモニターに表示される天体の名前やカタログ番号、天体の位置、星図から望遠鏡を向けたい天体を選ぶと、望遠鏡は自動的にその天体に向けられ、簡単に視界にとらえることができます。手軽に天体観望するだけなら、赤道儀の極軸はそれほど正確に合わせる必要はありませんが、長時間の天体撮影などは、正確に極軸を合わせる必要があります。

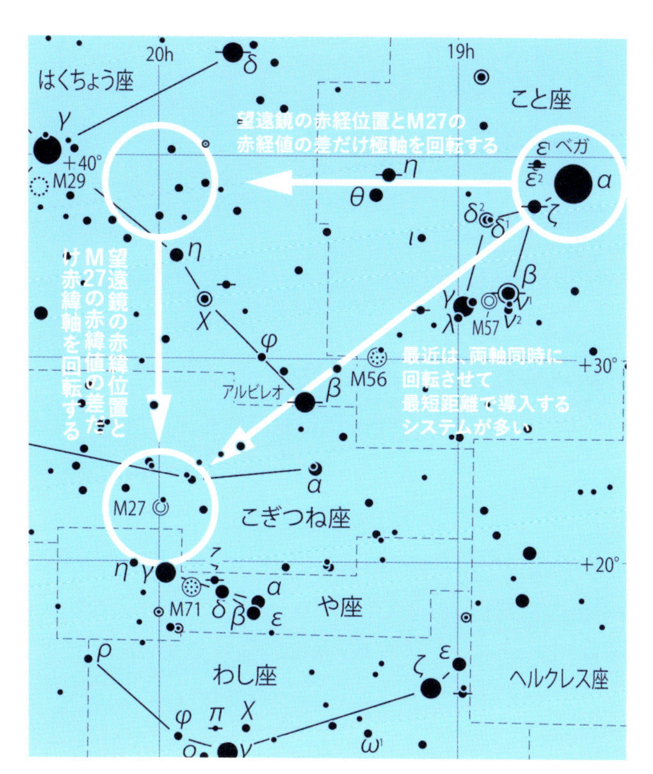

● 天体導入のしくみ

天体の導入装置は、現在時刻、観測地の位置から、天球上の日周運動で動いている天体の現在位置を計算で算出して、架台の2軸モーターを自動制御して、望遠鏡を見たい天体に向けてくれます。左図のように、基準星を頼りに希望する天体を見つけ出してくれるので、最初に基準星のキャリブレーションをしっかりやっておくと、天体の導入はより高精度に行なわれます。

● 天体導入装置の付いた経緯台の使いかた

経緯台は赤道儀のような極軸合わせが不要なので、設置したらすぐに使える手軽さが長所です。この手軽さに天体導入機能が加わると、星空観察の楽しさがより増します。ホームポジションに望遠鏡を向けてスタートして、最初に「キャリブレーション」を行なうのは、左ページの赤道儀と同じです。星のよく見える郊外に天体望遠鏡を持ち出して、都会の自宅の庭では見られない星雲や星団も、天体導入機能で簡単に楽しむことができます。ベテランでなければ視界にとらえることがむずかしい天体も、天体導入装置があればビギナーでもしっかり楽しむことができます。さらに、天体導入機能付きの経緯台は、高度軸と方位軸を自動制御して、赤道儀のように天体の日周運動を追尾してくれるので、快適に天体を観測することができます。

天体導入装置の操作手順

ビクセンSTAR BOOK TENコントローラーを使った天体の自動導入の例を紹介しましょう。ほかの機種では画面が異なりますが、同じような項目の設定や手順で自動導入を行なうことができます。

1.初期設定

現在の日付と観測場所の緯度経度、標高、タイムゾーンなどを設定します。GPSが内蔵されている機種では、自動で設定できるものもあります。

2.架台種類の指定

極軸を簡易的に天の北極に向けた赤道儀、天の北極に正確に極軸を合わせた赤道儀、経緯台など、望遠鏡を載せている架台の種類を指定します。

3.ホームポジションの設定

望遠鏡架台の両軸のクランプを緩め、望遠鏡がホームポジションの向きに向くように両軸を回転させます。STAR BOOK TENの場合は、鏡筒を西側に向けます。

4.アライメント

次に、実際の星空にある明るい星でアライメント（キャリブレーション）を行ないます。ここではうしかい座α星アルクトゥルスで行ないましょう。コントローラーからアルクトゥルスを選び、自動導入を実行します。すると望遠鏡は自動で駆動され、アルクトゥルスが視野の中に導入されます。赤道儀の極軸など架台が正確に設置されていない場合は、視野の中心から離れた位置にアルクトゥルスが導入されているかもしれません。その場合は、コントローラーでアルクトゥルスを視野の中心にくるよう駆動します。そして、アライメントボタンを押すことで、コントロー

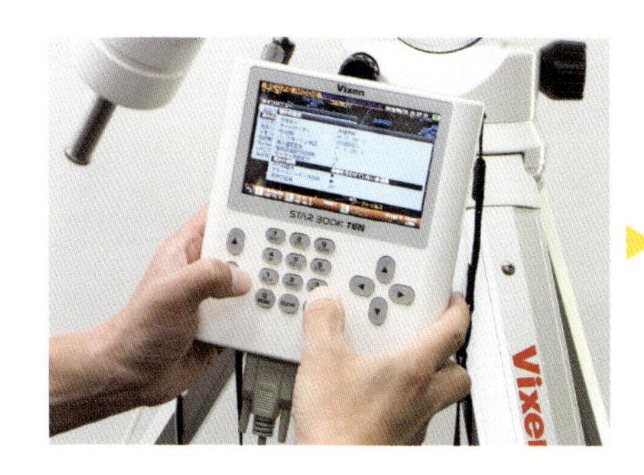

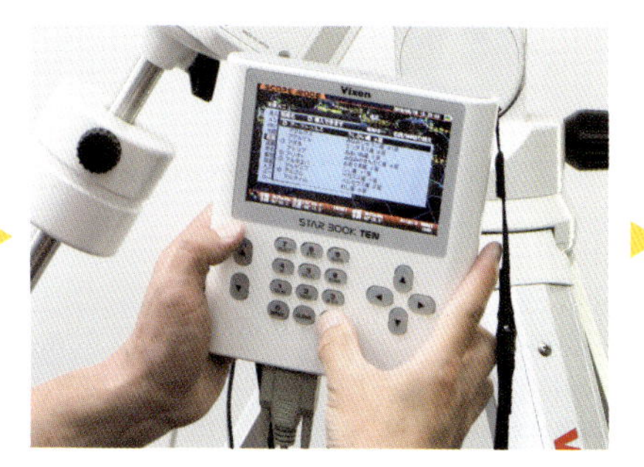

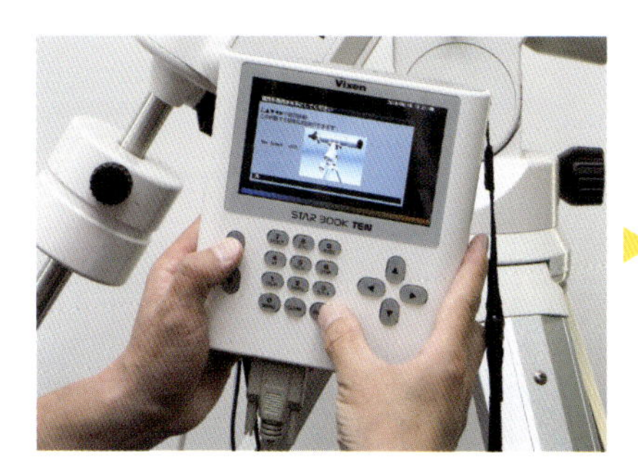

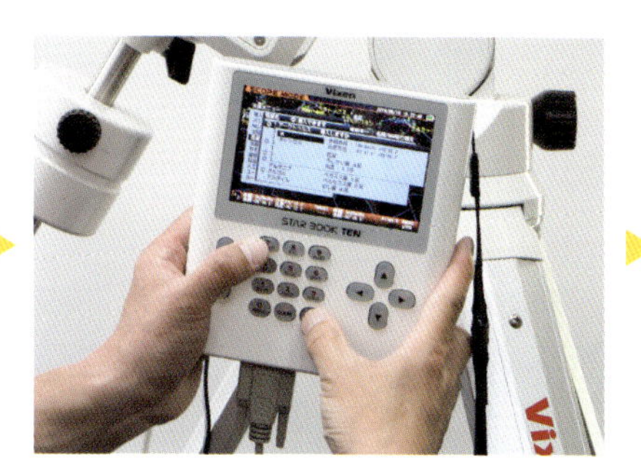

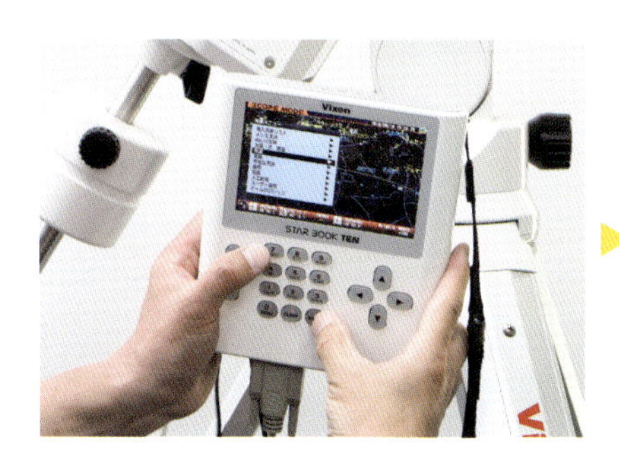

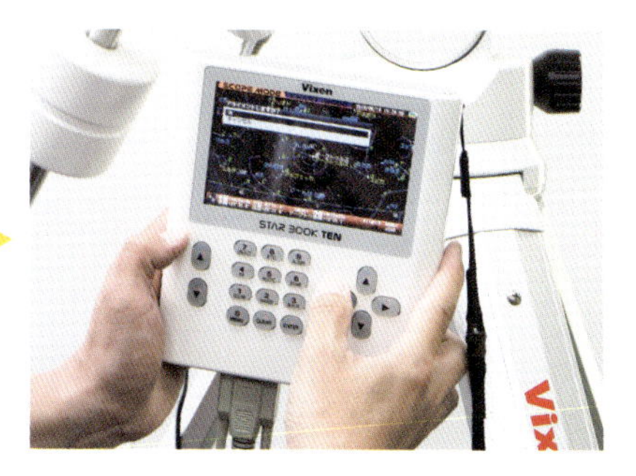

ラーは架台の設置誤差などを知り、次に導入する天体をより正確に導入できるよう学習します。

5.自動導入の実行

2〜3個の星を使ってアライメントを行なうことで、かなり正確に任意の天体を視野中心に導入できるようになります。アライメントがうまくいったら、次に見たい天体を自動導入してみましょう。コントローラーの画面に表示される星図や天体のリストなどから、天体名を指定します。自動導入開始ボタンを押すことで、指定された天体が自動導入されます。

天体望遠鏡のピント合わせ

いろいろな合焦装置

天体望遠鏡にアイピースを装着して、のぞいてみても何も見えない…。どうして？

それはピントが合っていないからです。今やカメラやビデオカメラなどはオートフォーカスが当たり前になっていますが、望遠鏡は手動でピント合わせをしなければならないのです。

天体望遠鏡に接眼レンズを装着して明るい恒星を見ると、大きな光の円盤像が見えます。この状態はピントが合っていない、ピンボケの状態です。円盤像が小さくなる方向に接眼レンズを動かしていくと円盤像はどんどん小さくなり、やがて点像となります。この操作がピント合わせです。

合焦装置（フォーカサー）のいろいろ

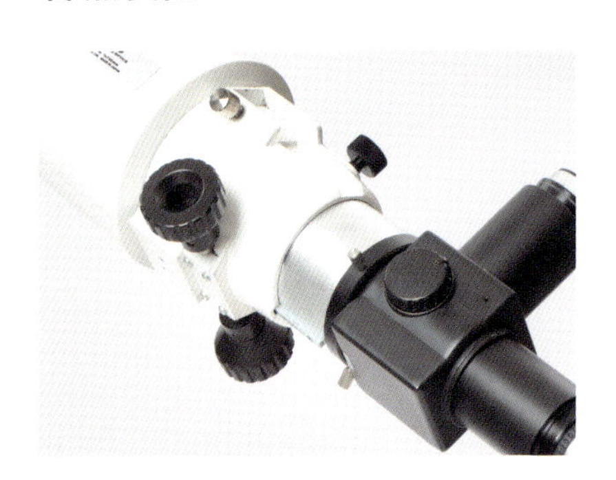

ラック＆ピニオン式

ラックギヤとピニオンギヤの組み合わせでドローチューブを摺動させるフォーカサーで、もっとも一般的なものです。ピニオンギヤの付いたフォーカスノブを回転させることでピント合わせが行えます。

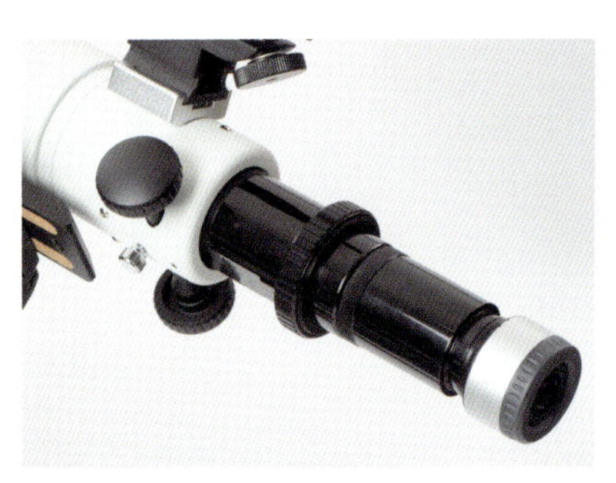

クレイフォード式

ギヤを介さず、ローラーなどの接触による摩擦力を利用したフリクション駆動でドローチューブを摺動させるフォーカサーです。遊びが少なく、スムースな駆動が行なえることが特徴です。フォーカスノブを回転させることでピント合わせが行なえます。

天体望遠鏡の接眼部には、接眼レンズを装着することができるドローチューブがあります。このドローチューブを摺動(スライド)させ、接眼レンズの位置を前後に移動させることができます。これを天体望遠鏡の合焦装置やフォーカサーとよんでいます。ここではいろいろな合焦装置を紹介します。

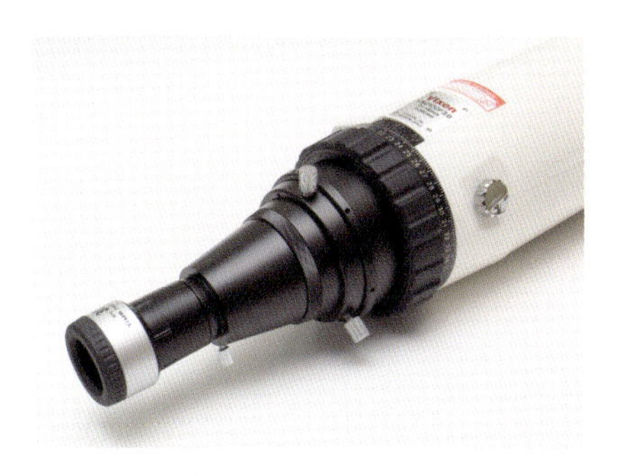

ヘリコイド式

ドローチューブの螺旋溝の回転によりドローチューブを摺動させるフォーカサーで、カメラレンズや天体写真用の望遠鏡で使われているものです。ドローチューブの付け根にあるリングを回転させることでピント合わせが行なえます。

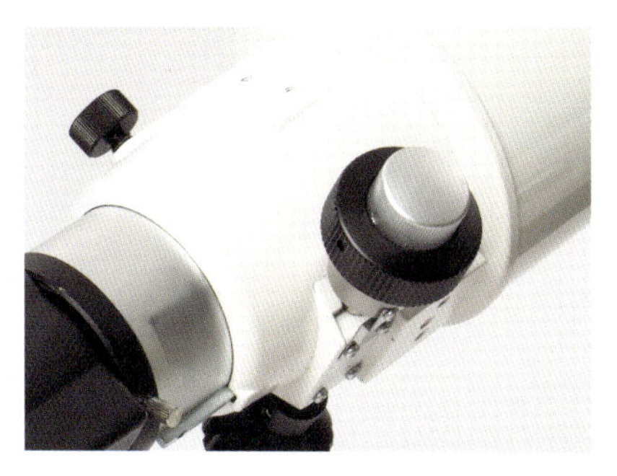

フォーカスノブの減速装置

フォーカスノブが二重になっていて、小さなノブには減速装置が組み込まれています。粗動を賄う大きなノブで大まかなピント合わせを行ない、微動を賄う小さなノブでより精密なピント合わせを行なえます。

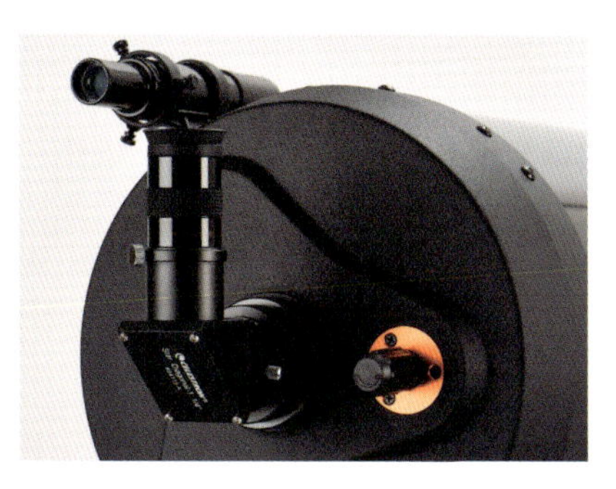

主鏡や副鏡のシフト式

アイピースの位置を固定する代わりに、カセグレン系望遠鏡の対物主鏡と副鏡間の距離を前後(シフト)させることで、ピント合わせを行なう機構です。主鏡または副鏡のいずれかを光軸方向にシフトさせます。写真は主鏡をシフトさせる合焦機構を備えたシュミットカセグレン式望遠鏡です。

電動フォーカサー

フォーカスノブを人の手を介して回すと、どうしても振動が天体望遠鏡に伝わって像がブレてしまい、なかなか精密なピント合わせを行なうことができません。そこでフォーカスノブに取り付けたモーターなどを介してノブを回し、ピント合わせを行なうのが、電動フォーカサーです。

ピントの合わせかた

ピント合わせの手順とコツ

天体望遠鏡のピント合わせは、望遠鏡で天体をのぞきながらフォーカスノブを操作し、恒星なら光の点像となるよう、惑星や月なら像がもっともシャープに見えるよう調整します。しかし天体の像は地球の大気を通した像で、つねに揺らいでいて、高倍率になるほど、はっきりとピントが合った位置（ピントの山ともいいます）というのがわかりません。また高倍率になると、フォーカスノブを操作する際に手から振動が伝わって、像がブレてしまい、ますますピント位置がわからなくなってしまいます。これは天体望遠鏡の操作に長けた熟練者でも同じことで、ピントが合っているかを判断するには慣れが必要です。以下にピント合わせの手順とコツを紹介します。

フォーカスノブを使ったピント合わせの操作

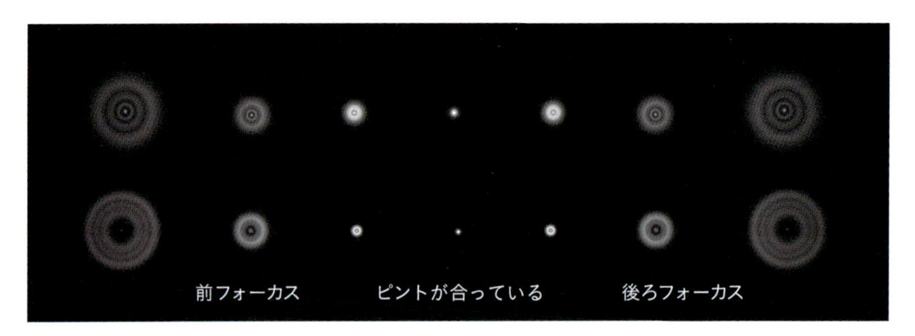

（上）屈折式望遠鏡の場合の、恒星像のピント位置（焦点像）と前フォーカス（焦点内像）、後ろフォーカス（焦点外像）（下）ニュートン式反射望遠鏡の場合の、恒星像のピント位置（焦点像）と前フォーカス（焦点内像）、後ろフォーカス（焦点外像）

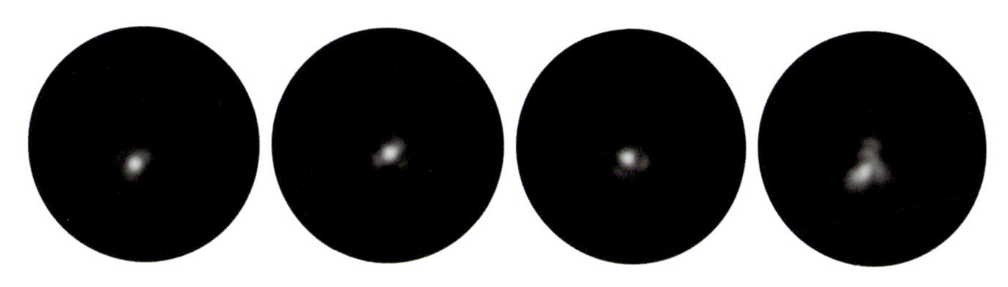

● シーイングの影響で恒星像が揺れ動く様子

こと座の1等星ベガを1/1000秒の高速シャッターでとらえた拡大画像です。ピントが合っていてもシーイングが悪いと、このように星がゆがんでボケたり、位置が揺れ動いたりしてしまいます。

1. 天体望遠鏡に低倍率接眼レンズを装着します。
2. 明るい恒星を天体望遠鏡の視野に導入します。
3. 天体望遠鏡の視野に恒星が入っている場合は、光の円盤像が見えます。この状態はピントが合っていない、ピンボケの状態です。
4. 円盤像が小さくなる方向にフォーカスノブを回していきます。円盤像はどんどん小さくなり、やがて点像となります。これがピントが合った位置です。
5. 天体の導入にも使う低倍率接眼レンズでピントが合った位置がわかったら、望遠鏡のドローチューブなどに印を付けておきましょう。次回はこの印に合わせてから始めると、導入やピント合わせが楽になります。
6. 高倍率で観測する場合は高倍率接眼レンズに変更します。ピント位置が変わってしまった場合はピントを合わせ直します。ピントの山がわかりづらい場合は、ピントの山と思われる部分を中心にノブを前後に回して、どの部分が山にあたるかアタリをつけるとよいでしょう。

いろいろな天体でのピント合わせ

恒星

低倍率では星が光の点像となるように。大気の揺らぎが少ない気流の安定した空では、高倍率では、恒星とその周りのディフラクションリングがはっきり見えるようピントを合わせます。

惑星

低倍率では惑星の縞模様やリング、衛星がシャープに見えるように。大気の揺らぎが少ない気流の安定した空では、高倍率では、火星の極冠、木星の縞模様の詳細、土星の環の空隙などがシャープに見えるようピントを合わせます。下の写真は実際に木星にピントが合う様子です。

月

低倍率では月の明るい縁の輪郭や大きなクレーターなどがシャープに見えるように。大気の揺らぎが少ない気流の安定した空では、月の細かな山脈やクレーターの壁、微小なクレーター、海のしわなどがシャープに見えるようピントを合わせます。

● **惑星（木星）にピントが合う様子**

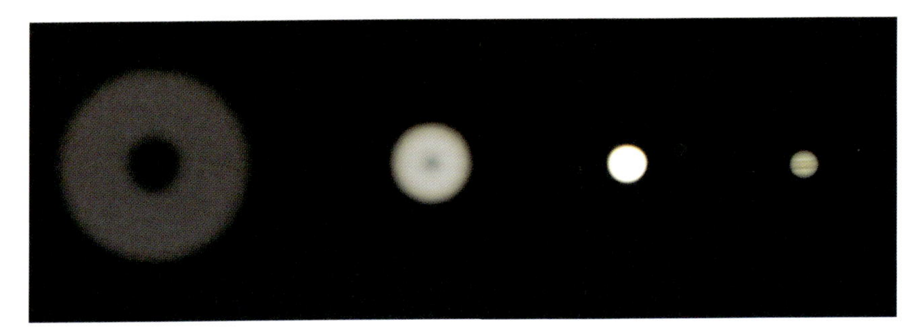

● **月にピントが合う様子**

天体望遠鏡に眼鏡はアリ？ ナシ？

ふだん眼鏡をかけている人が天体望遠鏡をのぞくとき、眼鏡は掛けたままでよいのでしょうか？ それとも外した方がよいのでしょうか？

答えは「どちらでも大丈夫」です。これはコンタクトレンズを装着した人も同じです。ただし眼鏡を掛けたままですと、アイピースと眼の間にレンズが入るので、アイレリーフの長いアイピースや、見口にゴム当てが付いたアイピースを使う方がよいでしょう。また、視力の低い人が裸眼で天体望遠鏡をのぞくとき、遠視や近視の人の場合は、正視の人とくらべてピント位置が変わりますので、正視の人と交代でのぞくようなときは、その都度ピント合わせが必要になります。

また乱視があるという人は、眼鏡やコンタクトレンズを装着したままのぞくとよいでしょう。ただ最近は、乱視補正された接眼レンズも販売されています。乱視の人は購入を検討されてもよいでしょう。

眼鏡に適した接眼レンズ

眼鏡を掛けたまま天体望遠鏡をのぞく人は、見口にゴム当てが付いたもの、ロングアイレリーフのアイピースを選ぶとよいでしょう。見口部分がポップアップ式で見口の高さが調整できる接眼レンズもあります。

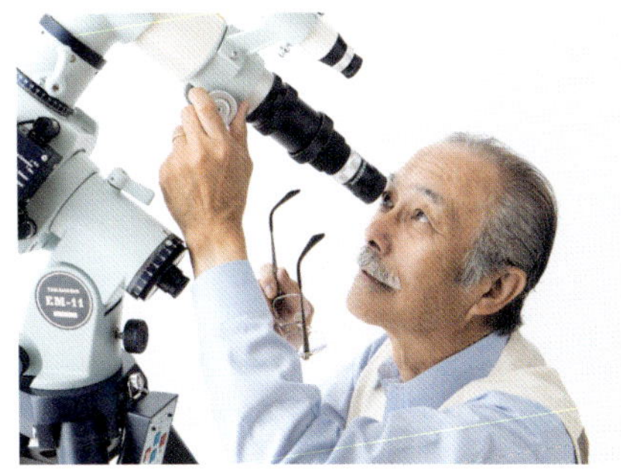

眼鏡でも大丈夫 望遠鏡はのぞきかたによって、星の見え方に大きな差が出ます。性能を最大限に発揮できるよう、正しく楽に使えるのぞきかたで使いましょう。

天体望遠鏡ののぞきかた

屈折望遠鏡

屈折望遠鏡やシュミットカセグレン式望遠鏡のように、鏡筒のおしりの部分に接眼部のある望遠鏡では、天頂付近（頭上の方向）をのぞくときには、真上に近い方向を見上げる格好になってしまいます。これでは首や体が痛くなってしまうので、接眼部に天頂ミラーを付けます。これは光路を90度曲げてくれるパーツです。この天頂ミラーを使えば、天頂付近の星も楽に見ることができます。ただし天頂ミラーを使うと、ピントの位置を大きく修正しなければなりません。なお、屈折望遠鏡は鏡筒がレンズと接眼レンズで密封状態になっていることから、筒内気流の不安定さはありません。しかし、観測するには外気にならしてからの方がよいと思います。

● **屈折望遠鏡を天頂付近に向けると…**

屈折望遠鏡を天頂付近に向けた状態のときには、のぞきかたにとても苦心します。座布団や低めの椅子に肘をついて見るようになります。

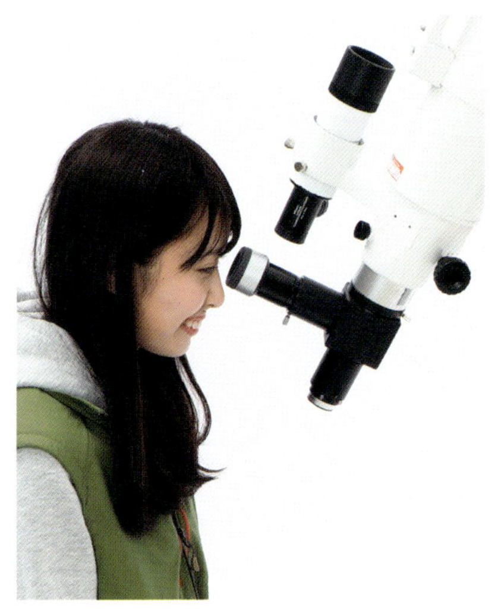

● **天頂ミラーやフリップミラーを使用**

接眼レンズが低くなり過ぎて見にくいときは、天頂ミラーやフリップミラーを使用すると楽に見えます。像は鏡像になるので注意してください。

反射望遠鏡

反射望遠鏡の利点は、鏡筒の先の方にドローチューブが付いていて、いわば楽な姿勢で見られることです。ただし見る方向によっては大きく望遠鏡全体を振り回すことになりますので、鏡筒を回転する必要性があり、少々わずらわしさがあります。また、口径の大きなものでは、見る天体の位置によっては、接眼レンズの位置が高く、届かなくなることがあります。その場合は、天体望遠鏡にしがみつかないよう、踏み台や脚立などに乗ってのぞくと、楽な姿勢で長時間観測ができます。反射望遠鏡では筒内の気流の乱れも見えかたに影響します。できるだけ早めに戸外に持ち出して外気になじませ、筒内気流が少なくなるようにしましょう。

望遠鏡をのぞくときのポイント

暗闇に眼を慣らす

明るい部屋から出てきて、いきなり星空を見上げたり、望遠鏡をのぞいたりしても星がよく見えないことはご存じでしょう。暗いところに出たら、10

反射望遠鏡がのぞきにくいときは…

反射望遠鏡は、鏡筒の筒先で横に90度向くような姿勢でのぞくので、天体によっては接眼部の位置が見づらい位置になります。

鏡筒を回転させる

接眼部が上に来たら、鏡筒バンドをゆるめて、鏡筒を回転させ、接眼部をのぞきやすい位置にくるようにします。

分～15分くらいはじっと眼を暗闇にならしてから天体望遠鏡をのぞくようにしてください。人間の瞳孔は7mmまで開いてくれ、淡い天体も見やすくなります。

天体望遠鏡をのぞき慣れよう

星空観察のベテランには見えているのに、初心者にはさっぱり見えているのがわからない、ということはよくあります。同じ天体望遠鏡をのぞいても、のぞき慣れている人とそうでない人では、その見え方には驚くほどの差があります。チャンスがあるごとに天体望遠鏡をのぞいて、早くのぞき慣れるようにしましょう。また、ちょっとだけのぞいてやめるのではなく、じっくり落ち着いて時間をかけて見るようにします。

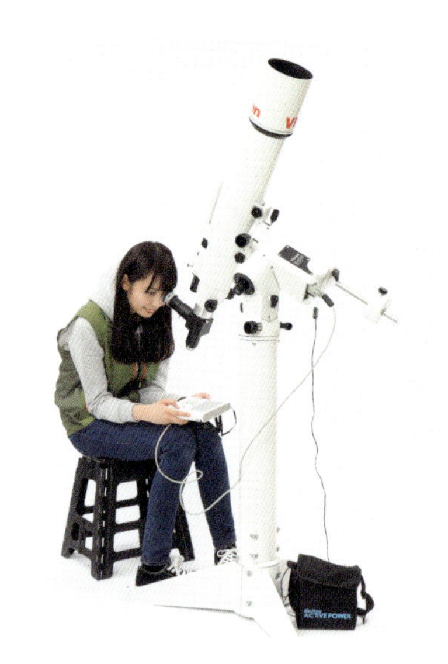

長時間の観察は椅子で

椅子があると、のぞくのにも楽です。長時間の観察をする際は、椅子があるとよいでしょう。

楽な姿勢で見よう

天体望遠鏡をのぞくときは、椅子などにしっかり腰を下ろして、楽な姿勢で観察するようにします。そうしないとじっくり見ているのがむずかしくなります。無理な姿勢でのぞいていては、せっかく見えているものも見落としてしまうことにもなりかねません。また、天体望遠鏡は高倍率でのぞくものですから、望遠鏡の一部部に寄りかかったり、手でつかんだりするものもよくありません。視野の中で星がぴょんぴょん飛び跳ねたりして見づらくなってしまうからです。車の通行など、振動の多い場所で見るのも避けるようにしましょう。

両眼で見る

人間の眼は、両眼でよく機能するようになっています。両目を開けたまま接眼レンズをのぞくことにも慣れましょう。接眼レンズの方だけ注意を集中するようにすればよいのです。力を入れて片方の眼をつむる必要はありません。どうしてもうまくいかない場合は、のぞかない方の目を片手でかるく

● **踏み台を使う**

口径の大きな反射望遠鏡などでは、見る天体の位置によっては、接眼レンズの位置が高くなります。その場合は、天体望遠鏡にしがみつかないよう、踏み台や脚立などに乗ってのぞくと、楽な姿勢で長時間観測ができます。

覆ってもよいでしょう。接眼部を双眼鏡のようにして両目でのぞけるような装置もあります。

見え方に期待し過ぎない

星雲や星団などを写真やインターネットで見るような姿に見えるものと期待してのぞくと、たいていの場合は貧弱に見えることにがっかりしてしまうでしょう。こんなものだろうと構えて見るようにしましょう。それでも天体望遠鏡をのぞき慣れてくると、今度は意外によく見えることにも気が付くようになってきます。

月や惑星はよく見える

淡い星雲などは、眼の特性からいってそのものをじっと注視してみるより、やや眼をそらし気味にして、それとなく見るようにしたほうが、かえってよく見えることがあります。一方、明るい月や惑星は見たい部分をじっと見てもさしつかえありません。星雲のような淡いものは写真のように見るのはむずかしいのですが、月や惑星のように明るく視角の小さな天体は、写真よりよく見えるくらいです。

三脚のセッティング

天体望遠鏡は平らな場所にしっかり設置して使用します。高さ調整もしっかりしておきます。不安定な傾いた場所や駐車場のような場所に設置すると、危険なうえ落ち着いて観測することができません。三脚を蹴飛ばされないように反射板を三脚の下の方に付けるのもよいでしょう。

観測にあると便利なもの

望遠鏡で星を観察するとき、望遠鏡以外にどんなものが必要でしょうか？望遠鏡メーカーや販売店でも観測グッズを販売していますが、身近にある観測に便利なものを紹介しましょう。

軍手や手袋、シュラフ、キャンプ用の椅子

野外での観測では、真夏でも意外に冷え込むことがあります。また機材で指先などを傷つけないためにも、軍手や手袋があるとよいでしょう。シュラフはキャンプするわけでなくても、地面に敷いて座ってリラックスしたり、体に巻いたりなどいろいろ使えます。また、椅子も必須です。

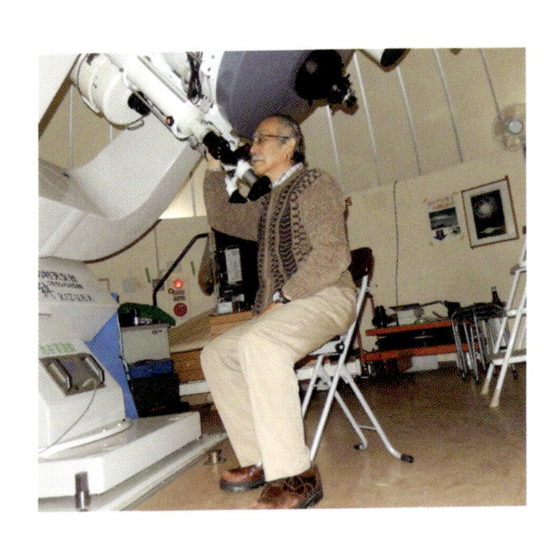

● 椅子は必須

椅子があると、無理な体勢を取ることなく、思う存分星を楽しむことができます。

防虫スプレー

夏場はとくに、蚊などに悩まされることが多くあります。虫よけのスプレーなどを使用して、快適に観測しましょう。

星座早見盤や星図

星を探すには、その位置が詳しく載った星図が必要です。大まかな位置を知りたいときは、星座早見盤でもいいでしょう。望遠鏡で詳しく星を見る合間の、気軽な星空散歩にも便利です。

シートやマット

地面に直接座るときに、シートやマットがあるといいでしょう。ごつごつした場所や、露で濡れた草地でも安心です。

双眼鏡

望遠鏡で星を導入する際、双眼鏡はかならず持っていたいものです。ただし双眼鏡は正立像で、望遠鏡は基本的に倒立像になることに注意してください。

ビニールテープなどのテープ

簡易的に止めたり、補修用にも使えます。カメラ用の黒テープ（パーマセル

観測に必要なものや便利なもの

テープ）などでもよいでしょう。

手持ちライト、ヘッドライト

暗くなる前に必ず準備して、首に下げるなど身に付けておきましょう。白色ライトのほか、暗闇でもまぶしくない赤色ランプがあると役立ちます。赤色にできないものは、セロファンを貼って赤色ライトにしたものを用意しておきます。ヘッドライトは両手が自由に使えるので便利です。なお、暗闇でカメラのシャッターや望遠鏡のアイピース交換などというとき、ライトが眩し過ぎると観測に支障が出ます。明るさが調節できるライトならいいのですが、調節できないもののときは、ライトの筒先にビニールテープを貼り付けて調光してみましょう。私の場合はクラフトテープがよい色合いなのでよく使用しています。いろいろ試してみてください。

天文年鑑や天文雑誌

天文現象などの正確な情報を調べるものとして、持っておきましょう。もちろん事前に調べておくことが必要ですが、確認用として持ち歩きたいものです。

携帯ラジオやスマートフォン

スマートフォンは、今や天体観測にもなくてはならないツールになっています。方位磁石として使ったり、星空シミュレーションアプリで星座早見の代わりにしたり、望遠鏡を動かすコントローラーとしても使えるものすらあります。とはいえ、アナログな携帯ラジオもあると安心です。

夜食や飲み物、ゴミを持ち帰る袋

楽しく快適に観測をするためにも、夜食や飲み物を持って行きましょう。お湯が沸かせるのなら、カップ麺やあたたかいお茶などがあると、冬はとくにありがたいものです。あたりまえですが、ゴミは放置せずに必ず持ち帰りましょう。

● バッテリー

天体望遠鏡の駆動やパソコン、デジカメの充電など、今や天体観測にはバッテリーが必要です。非常用のライトが付いているタイプもあります。

● 双眼鏡

双眼鏡は天体望遠鏡と違い広視界の星空を見ることができるので、淡い天体の確認や、星空をのんびり楽しむことができます。

第3章

天体望遠鏡を使った観察と撮影

月を観察しよう

月の位相（満ち欠け）と月齢

　月が満ち欠ける美しい姿は夜空を見上げる楽しみの一つで、天体望遠鏡で見てみたい天体の筆頭に挙げられるほど人気の観測対象です。月を見るにあたって知っておくと役立つ月の基本的な知識を紹介します。

　月を特徴付けるもっとも大きな変化はその満ち欠けです。夕方の西空で細く欠けた月が日を追うごとに太り、半月、そして満月となり、再びその姿を細めていく。それは私たちがもっとも身近に感じる天文現象といえるでしょう。

　この月の満ち欠け、天文でいう位相

図1● 月の公転運動と月の満ち欠け（朔望）

月齢は新月になった時刻を0としてそこからの経過を日数で表わしたもので、新月から次の新月までは約29.5日となります。この周期を朔望月とよんでいます。

の変化は、月が地球を公転しているため起こり、下図のように地球から見た太陽と月の位相角の変化によって、太陽に照らされて輝く部分が変化することで起こります。

太陽と月の位相角が0°のときは月が太陽と同じ方向にあるので、月に太陽光が当たった部分は見えず、新月（朔）となります。

逆に180°のときには月に太陽光が当たった部分だけが見え、満月（望）に。90°または270°のときには太陽光が当たった部分が半分見える半月、すなわち上弦あるいは下弦の月となります。

図2 ● 月の満ち欠けのしくみ

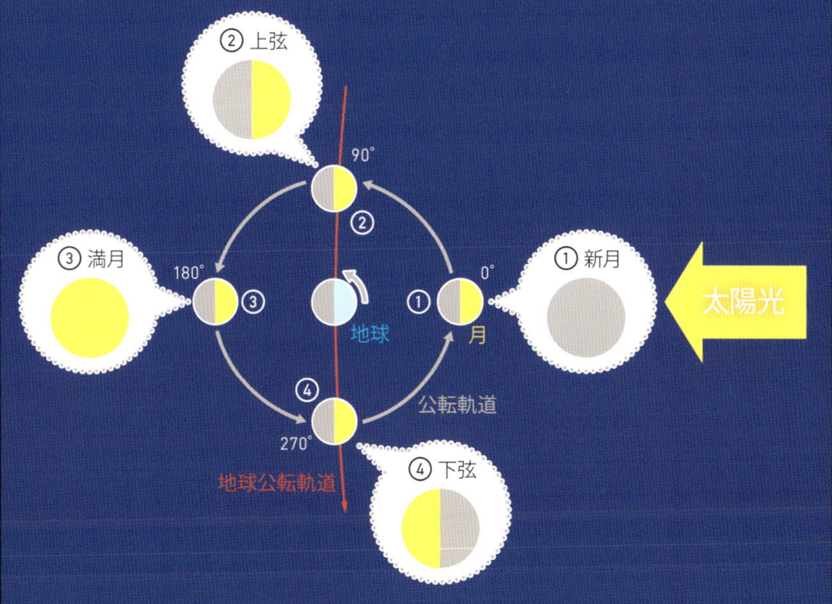

月が見える時刻と方位

月は地球の自転により日周運動していますが、これに加えて月の公転軌道に沿って動いています。その量は太陽に対して1日約12°で、西から東に向かって移動していきます。すなわち月の位置は太陽から1日約12°ずつ東側へ離れていくことになり、これを月の出の時間に当てはめると1日あたり平均約50分ずつ遅れていくことになります。

新月後の細い月は日没後の西の空低く見えたあとすぐ沈み、上弦の月は日没後に南の空に見え、夜半ごろ西に沈みます。満月は日没ごろ東の空に昇り、日の出ごろに西に沈みます。下弦の月は夜半ごろ東の空から昇り、日の出ごろに南の空に見えます。新月前の細い月は日の出前に東の空低く見え、日の出が近付くにつれ太陽の光により明るくなった空の中で見えなくなってしまいます。

月の朔望や月齢など月の暦（こよみ）を知るには、その年の月齢や天文現象が記された天文現象を紹介する天文書籍、月刊の天文雑誌などを参照するのがよいでしょう。インターネットで検索したり、スマートフォン用の天文アプリなどを利用する方法もあります。

月の地形

天体望遠鏡で月を見ると、海やクレーター、山脈などさまざまな月の地形を見ることができます。

月の地形でもっとも目立つのは、肉眼でもわかる表面の暗い部分です。これは海とよばれる部分で、隕石の衝突などによって溶岩が噴出してできた平原です。対して明るい部分は陸地（高地）とよばれ、数多くのクレーターで覆われています。望遠鏡で観察すると表面を覆う数多くのクレーターのほかにも山脈や山塊、断崖や壁、溝や川のように蛇行する谷、入江、そしてリンクルリッジとよばれるしわ状尾根など複雑な地形が数多く見られます。

月を見るには満月がよいと考えがちですが、クレーターをはじめとする月面の地形は、太陽光が真上から当たる満月のときより、太陽光が斜光線となり地形に影ができる上弦や下弦ごろが見やすいのも覚えておくとよいでしょう。とくに明暗境界線にあたる欠け際は、ダイナミックな景観が楽しめるのでおすすめです。

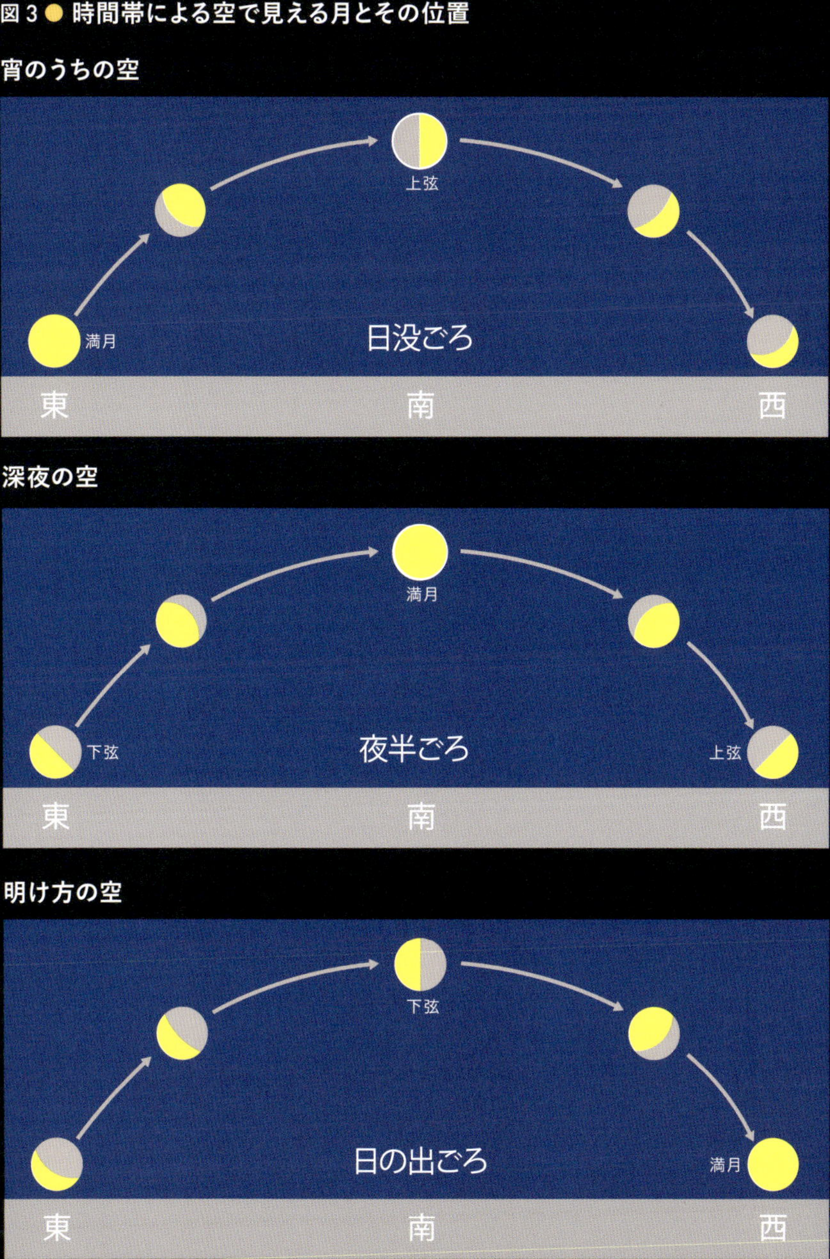
図3 時間帯による空で見える月とその位置
宵のうちの空
上弦
満月
日没ごろ
東
南
西
深夜の空
満月
下弦
夜半ごろ
上弦
東
南
西
明け方の空
下弦
日の出ごろ
満月
東
南
西

いろいろな月を見よう

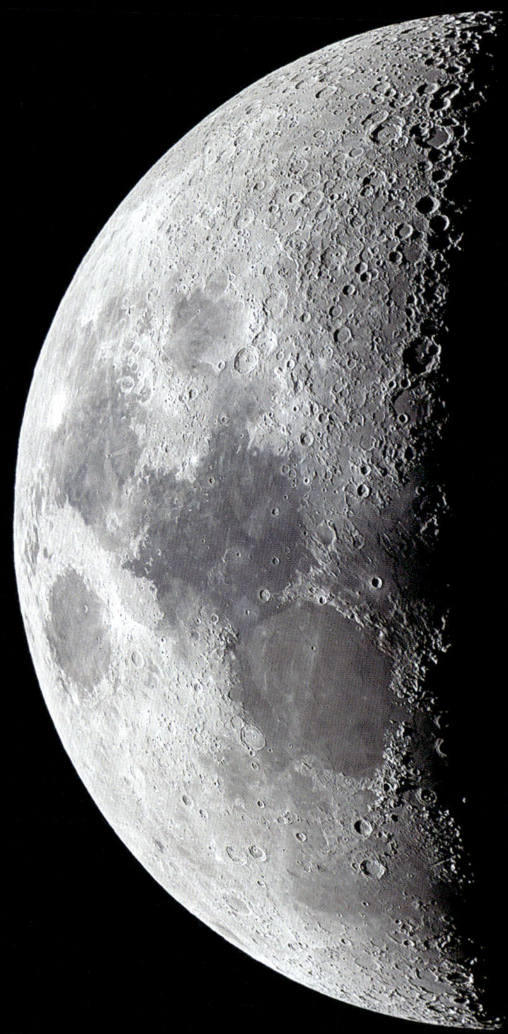

月の観察のハイライトは、月の朔望の変化や、ダイナミックな月面の地形の観察です。

ひととおり観察を楽しんだら、太陽によってできる地球の影に月が隠されることによって起こる月食や、恒星や惑星が月によって隠される星食、月と地球の最接近と満月が重なるスーパームーンなど、月に関するさまざまな天文現象の観察にも挑戦してみてください。

● 低倍率で見た上弦の月

● 高倍率で見た月面の地形

● 細い月と地球照

● スーパームーン（満月）

● 惑星が月に隠される惑星食

● 地球の影に月が隠される皆既月食の連続写真

惑星を観察しよう

内惑星

私たちの太陽系で地球より内側を公転しているのが水星と金星で、これらを内惑星とよんでいます。天体望遠鏡で見ると月のように満ち欠けしている様子が観察できます。

内惑星で、太陽―内惑星―地球と並ぶときを内合、内惑星―太陽―地球と並ぶときを外合とよびます。このとき惑星は見かけ上太陽の近くにあり、見ることができません。内合のときにはごくまれに太陽面を内惑星が経過する内惑星の日面経過が見られることもあります。

内惑星は、明け方の東の空で高度が上がり見やすくなる西方最大離角ごろか、宵のうち西の空で高度が上がり見やすくなる東方最大離角ごろが観測好機となります。

水星

太陽系でもっとも太陽に近い軌道を約88日の周期で公転しています。−2.4等と明るくなりますが、太陽からもっとも離れる最大離角のころでも約28°しか離れないため、日出前、日没後の地平線近くでしか見ることができません。

● 内惑星

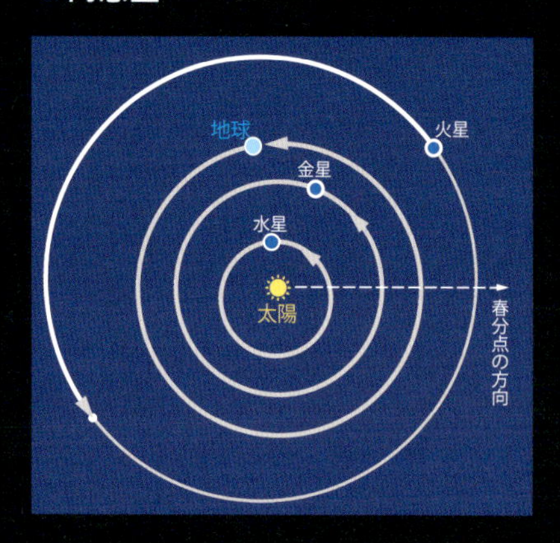

● 外惑星

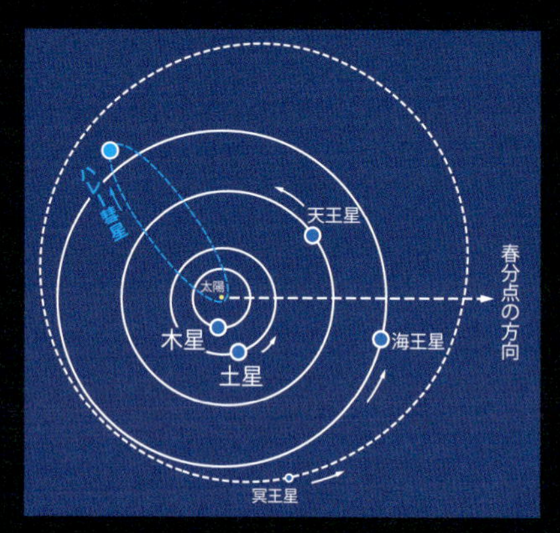

金星

約225日の周期で太陽を公転しています。太陽からの最大離角は47°。−4.7等まで明るくなり、明けの明星、宵の明星として親しまれている惑星です。

外惑星

地球の外側の公転軌道を持つ惑星を外惑星とよんでいます。

太陽、地球、外惑星と並ぶときを衝といい、その惑星の観測好機となります。一方、惑星—太陽—地球と並ぶときは合といい、見かけ上太陽に近くなるため、見ることができません。

地球から見て太陽との離角90°の位置になるときを矩といいます。東に90°離れたときを東矩、西に90°離れたときを西矩といい、東矩のころは宵の南の空に、西矩のころは明け方の南の空に見えます。

火星

約687日で太陽を公転しています。赤道半径は地球の約53%にあたる3397kmで、これは太陽系惑星で2番目の大きさとなります。およそ2年2ヵ月ごとに地球に最接近し、その表面模様を詳しく観測することができます。

木星

約11.9年かけて太陽を公転しています。大きさは地球の約11.2倍、質量は約317.8倍という太陽系最大の巨大ガス惑星です。赤道に平行な縞模様や大赤斑、ガリレオ・ガリレイが発見したガリレオ衛星の公転運動も見どころです。

土星

約29.5年かけて太陽を公転しています。地球の約9.4倍の大きさを持つ巨大ガス惑星で、土星赤道半径の約8.0倍まで広がる美しい環は、小口径望遠鏡でもはっきり見ることができます。

天王星

約84.3年かけて太陽を公転します。地球の約4.0倍の大きさを持つガス惑星です。5.3等まで明るくなり、空の条件の良いところでは肉眼で見ることもできます。小口径望遠鏡では表面模様は見えず、青緑色の円盤状に見えます。

海王星

約165.2年かけて太陽を公転しています。地球の約3.9倍の大きさのガス惑星です。7.8等まで明るくなりますが、肉眼で見ることはできません。小口径望遠鏡では表面模様は見えず、青緑色の円盤状に見えます。

惑星の動き

惑星は天球上の太陽の見かけの通り道、黄道に沿うよう運行しています。内惑星の水星や金星は、宵のうちの西の空、または明け方の東の空でしか見ることができません。

右の図は日没30分後の西の空の水星の動きを示したものです。最大離角に向けて、次第に高度を上げ東方最大離角を迎え、その後は太陽に接近していき、高度は低くなっていきます。

外惑星は、通常黄道を東へと運行していますが、地球がその惑星を追い越すとき、見かけ上西方向に運行することもあり、これを逆行とよんでいます。下図は木星の動きの例です。

外惑星は衝となったとき観測好機となり、宵のうちに東の空に輝き、夜遅く正中、明け方に西の空に輝き、一晩中観測することができます。

図1● 内惑星（水星）の動き

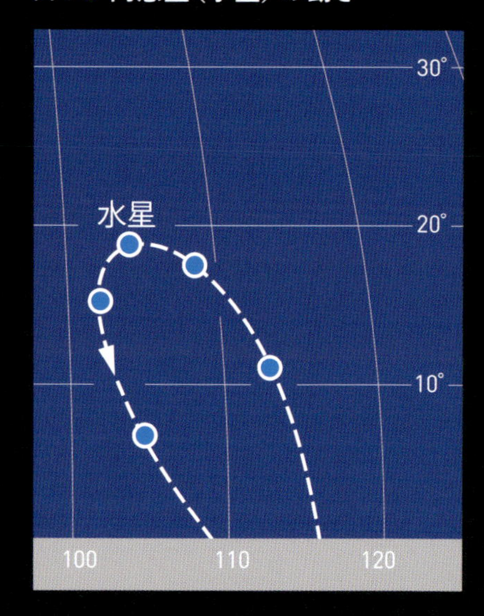

図2● 外惑星（木星）の動き

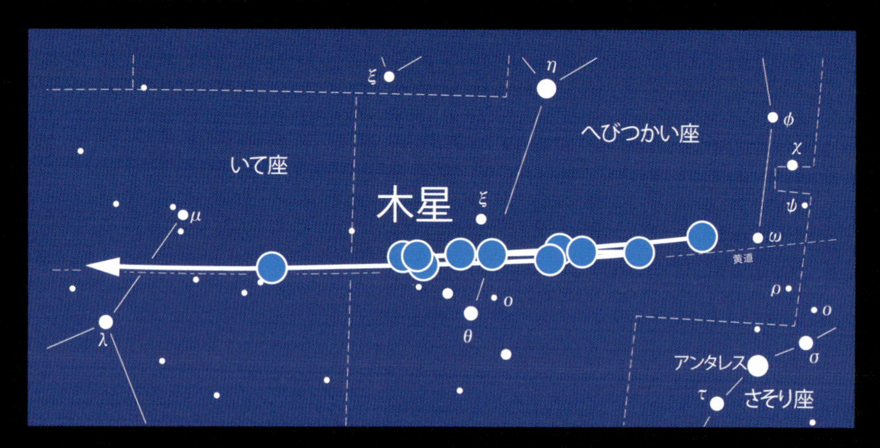

●200倍で見た月と惑星の大きさ

●木星と木星のガリレオ衛星

●土星と土星の衛星たち

いろいろな天体を観察しよう

天体望遠鏡で楽しめる天体は、今までに紹介した太陽、月、惑星のほかにもさまざまなものがあります。ここではその概要を紹介します。ひととおり月や惑星など明るい天体を楽しんだら、挑戦してみましょう。

恒星

私たちにとってもっとも身近で大切な存在である太陽。自ら光を放つ太陽のような天体を恒星とよんでいます。夜空に輝く星ぼしのほとんどは、一つ一つが太陽のような恒星です。天体望遠鏡で見る恒星は光の点にしか見えません。これは太陽系に一番近い恒星であるプロキシマ・ケンタウリでも 4.2 光年と遠いためです。恒星は明るさや、色（スペクトル）などで分類されます。明るさや色に注目しながら、いろいろな恒星を望遠鏡で眺めてみてください。

変光星

恒星の中には明るさを変化させるものがあり、これを変光星とよんでいます。周期的に明るさを変えるもの、突発的に明るさを変えるものなどさまざまなものがあり、中でも有名な変光星、くじら座のミラはおよそ 320 日の周期で明るさを 2 等から 10 等まで変えます。肉眼で見えていた星が、望遠鏡でしか見られなくなるような大きな変化を見せるものまであります。

二重星（重星）

肉眼では 1 つの星に見えるものが、天体望遠鏡で見てみると、近接した 2 つ以上の星が寄り添って輝いて見えるものがあります。このような星を二重星や重星とよん

● 恒星（おおいぬ座のシリウス）

● 変光星（くじら座のミラ）

● 二重星（はくちょう座β星）

でいて、見かけ上2つの星が近接しているものと、空間的にも実際に近接している連星とに分けられます。宮沢賢治の銀河鉄道の夜でサファイアとトパーズにたとえられた、はくちょう座のアルビレオは小型の望遠鏡でも美しく見える二重星の一つです。自分の持っている天体望遠鏡で分離できる限界の二重星に挑戦するのも楽しみの一つです。

準惑星、小惑星

太陽系をめぐる天体は惑星のほかにも、準惑星とよばれるセレス、冥王星、ハウメア、エリス、マケマケ、おもに火星と木星の公転軌道の間を公転するメインベルトの小惑星、おもに海王星の公転軌道より外側を公転する太陽系外縁天体のエッジワース・カイパーベルトの小惑星などがあります。このうち天体望遠鏡で楽しめるのは、準惑星のセレスや明るいメインベルトの小惑星のいくつかです。星ぼしの間を縫って公転する準惑星や小惑星を探してみてください。

彗星

氷や塵が主成分の小天体で、太陽に近付くにつれ、その放射熱により表面が揮発し、コマや尾（テイル）を形作ります。彗星は太陽に近付くにつれ急速に明るくなり、長大な尾を伸ばすこともあり、ダイナミックで華やかな天体の一つです。ニュースや天文雑誌などをチェックして、明るくなる彗星を見逃さないようにしましょう。

人工衛星（国際宇宙ステーション）

地球周回軌道上には各国が打ち上げた数千もの人工衛星が公転しています。これらは地表からは移動する光の点としか見えませんが、高度およそ400kmという地球低軌道をめぐる国際宇宙ステーションは、条件の良いとき、木星ほどの大きさで見える

● 小惑星（ベスタ）

● 彗星（百武彗星）

● 人工衛星（国際宇宙ステーション）

ことがあり、望遠鏡で見ると、太陽電池パネルなどの大まかな形が見えることもあります。日本上空を通過する時刻などはインターネットでも調べることができますので、観察に挑戦してみください。

星雲・星団

夜空には数多くの恒星や太陽を公転する太陽系の天体たちのほかにも、夜空に浮かぶ雲片のような淡い天体が無数に存在します。これを一般的に星雲・星団とよんでいます。星雲・星団にはアンドロメダ銀河やオリオン大星雲のような、よく知られた明るく大きなものから、光のシミのようにしか見えない淡いものまで、さまざまな種類の天体が存在します。星雲・星団は「オリオン大星雲」といった通称のほかに、収録されたカタログの番号でよばれます。望遠鏡で見やすい天体を集めたカタログのうち、フランスの天文学者シャルル・メシエが彗星に似たガス状の天体を集めて作成したメシエカタログ、13226個もの星雲星団が登録されたNGC・IC（ニュージェネラル&インデックスカタログ）などが有名です。たとえばオリオン大星雲はM（メシエ）42やNGC（エヌジーシー）1976ともよばれています。暗い夜空の下でこれらの天体を探し、じっくりとその美しさを堪能してみてください。

ガス星雲

私たちの天の川銀河系内に存在し、宇宙塵や星間ガスなどを主成分にする雲状の天体をガス星雲とよんでいます。ガス星雲には自ら光を発する輝線星雲、近くの恒星の光などを反射して輝く反射星雲などがあり、総称して散光星雲ともよばれています。自ら光を発せず、恒星や散光星雲を背景にしないと見ることができない暗黒星雲にも

● 星雲・星団

● ガス星雲

● 惑星状星雲

注目してみてください。

惑星状星雲

恒星はその一生の末期に外層を膨張させて赤色巨星となり、ついにその外層ガスを放出して、白色矮星へと進化していきます。惑星状星雲は、放出されたガスが白色矮星が放つ紫外線により電離して輝く姿です。望遠鏡で観察したとき、惑星のように円盤状に見えることから名付けられました。

超新星残骸

大質量星はその一生の末期に超新星爆発を起こし、その一生を終えます。超新星残骸は、超新星爆発の衝撃波により恒星を構成していた物質が放出されたものです。私たちの体や私たちの身の回りの物を形成する重い元素は、この超新星爆発の時に形成されたものだと考えると感慨深いものですね。

星団

私たちの天の川銀河系内に存在する恒星の集団を星団とよんでいます。星ぼしの密集度の違いにより、まばらな星の集団を散開星団、恒星が球状に密集しているものを球状星団とよんでいます。清少納言が枕草子で「星はすばる」と詠んだすばるは、プレヤデス星団とよばれる散開星団です。

銀河

私たちの天の川銀河と同じく、恒星や星間物質などの巨大な集合体である銀河を遠望した姿で、かつて系外銀河ともよばれていたものです。小さく光のシミのようにしか見えない数多くの銀河が私たちの天の川銀河に匹敵するスケールだと知ったとき、宇宙の奥深さを感じずにはいられません。有名なアンドロメダ大銀河や大小マゼンラン銀河は、天の川銀河とともに局部銀河群を形成するお隣さんともいえる存在です。

● 超新星残骸

● 星団

● 銀河

太陽の観察

危険がともなう太陽の観察

太陽の観察をする際は充分な注意が必要です。できれば天体観測の経験者の指導のもとで観察を行ないましょう。減光の方法を誤ると、目を焼いて失明する危険もあるからです。

初心者や観望会などでおすすめなのは、太陽投影板を使う観察方法です。接眼レンズで直接太陽像を観察しないので、もっとも安全な方法です。黒点などは充分わかります。

● 太陽投影板で観察

真っ白い板に直径10〜15cmくらいの太陽像を映し出して観察する方法です。望遠鏡の接眼スリーブには接眼レンズを装着し、この接眼レンズで対物レンズが結ぶ太陽像を拡大して投影する仕組みです。黒点などもよく見えますし、部分日食や金環日食の観察にも安全で適しています。写真は部分日食を観察している様子です。

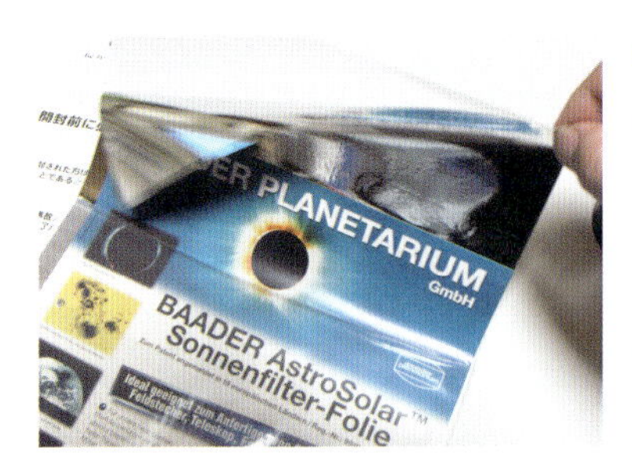

● 太陽観察専用の減光フィルター

月を観察するように接眼レンズで直接太陽像をのぞいて観察するときは、専用の減光フィルターを対物レンズに装着します。写真はフィルム状のもので、ハサミで切って、テープなどでしっかりと固定します。ガラスに金属膜を蒸着したタイプもあり、そちらの方が高価ですがピンホールがあいてしまう心配もないので、より安全性は高いといえます。使用方法や注意をよく守って使ってください。

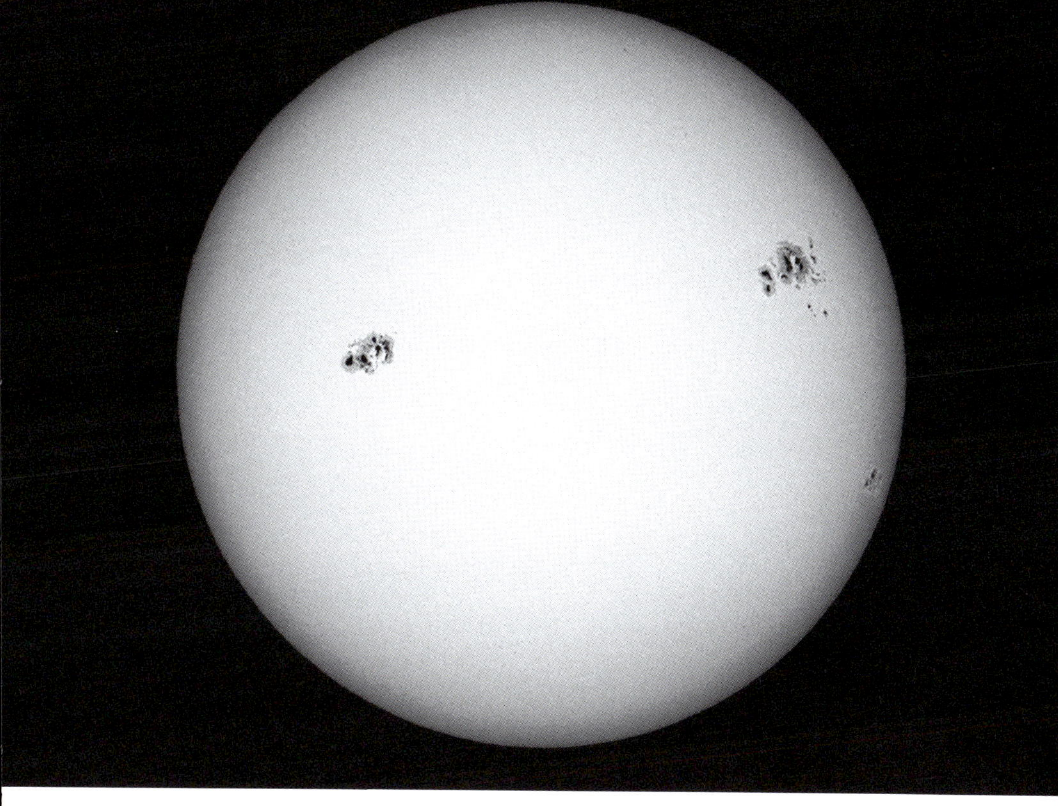

太陽面に見られる黒点

太陽黒点は11年周期で増えたり減ったりします。黒点活動が活発なときには小口径望遠鏡でもたくさんの黒点を同時に見ることができます。大きめの黒点の周りにはひだのような半暗部が見られます。黒点は黒く見えますが、実際にこのように黒いわけではなく、明るい光球面よりも2000〜3000度ほど温度が低いので、わずかに暗く（黒く）見えているのです。

目を焼かないように注意

太陽の観察では、基本的に望遠鏡をのぞいて観察してはいけません。減光フィルターを使って写真を撮るときも、カメラをライブビューモードにして、液晶モニターを見ながら撮影を行ないます。

いろいろな太陽観察の道具

太陽の観察は、前述したように、太陽投影板に投影して行なうのがもっとも安全です。投影板をカメラでのぞき込むようにして斜めから撮影すれば、いちおう記録もできます。鮮明な像を記録したければ、専用のフィルターでしっかり減光して撮影し、くれぐれも直接像をのぞかないように注意します。

こうした白色光での観察以外に、プロミネンスや彩層現象を観察するためのHα線という光だけを通すフィルターを装着した太陽望遠鏡や、カルシウムK線という光だけを通すフィルターを装備した望遠鏡もあります。

● **太陽専用Hα望遠鏡**

太陽観測専用望遠鏡です。太陽の表面はもとよりプロミネンスの観察もできます。一体型になっていて、安全に太陽を観察することができます。

● **自動導入してくれる太陽望遠鏡**

マウント部にGPSとフォトダイオードが内蔵されていて、事前のセッティングなしで太陽を自動的にとらえて追尾してくれる望遠鏡です。

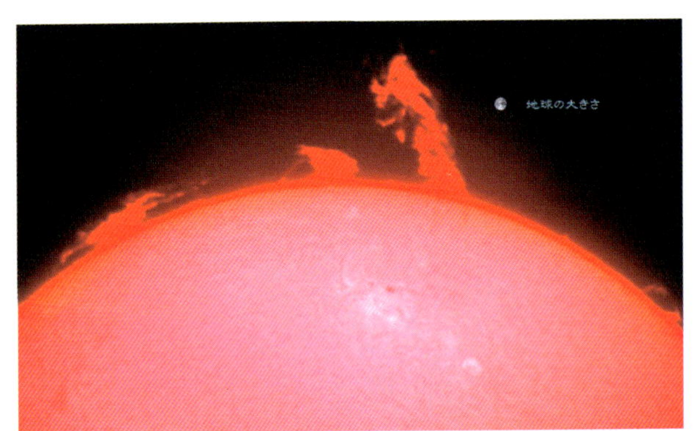

● **プロミネンスはこんなに大きい**

Hα線で観測すると、まれに巨大なプロミネンスが見られることがあります。地球の大きさとくらべてみると、どれほど巨大なものかわかるでしょう。

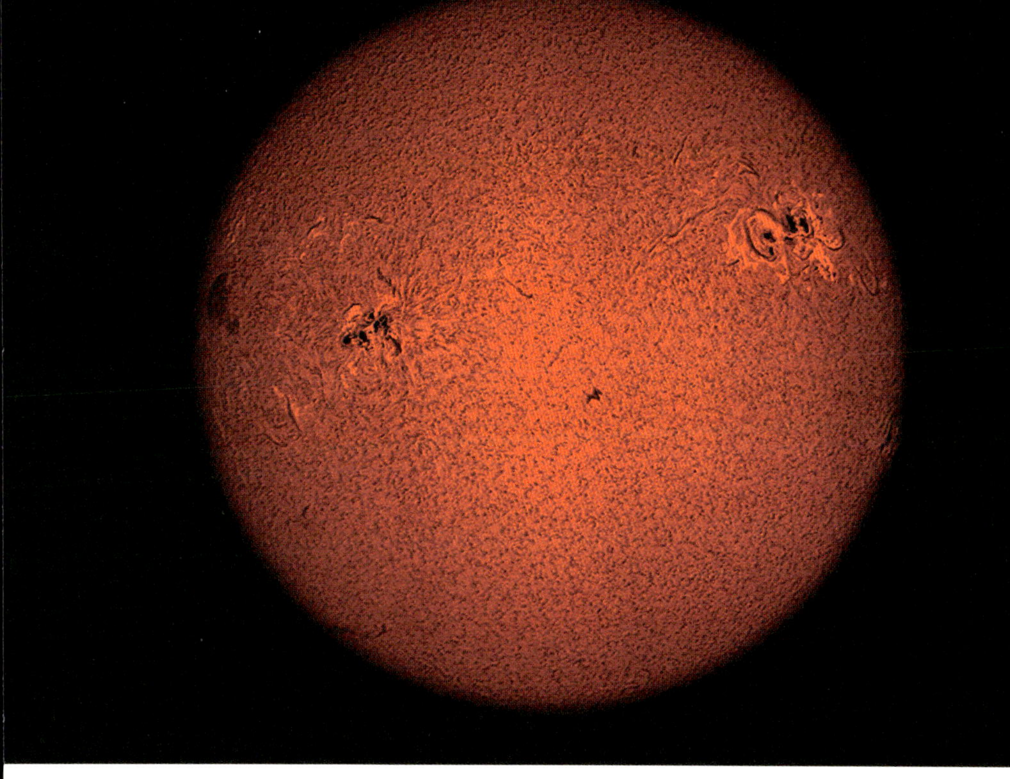

Hα望遠鏡で撮影した彩層現象

Hα望遠鏡では、太陽の縁ではプロミネンス、光球面ではこのような彩層現象を見たり撮影したりすることができます。

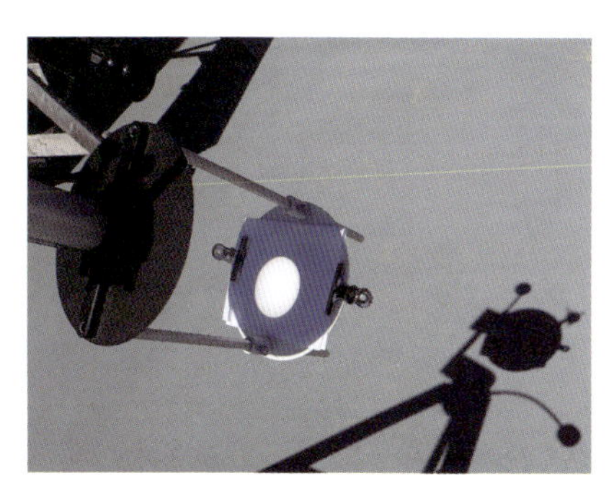

太陽の導入には影を使う

太陽の望遠鏡内導入は直視することができないので、地面などの望遠鏡の影で見当をつけましょう。

太陽専用望遠鏡のファインダー

太陽専用望遠鏡には、レンズのないピンホールスクリーンを活用したファインダーが付属されています。

日食の観察

日食は、もっとも人気のある天体ショーの一つです。とくに皆既日食は一生に一度は見てみたい天文現象といえます。日本でもときどき見られる部分日食では、目を傷めないよう太陽投影板や減光グラスを使って安全に観察してください。

● 減光グラスの使用

減光グラスを使うときは、太陽の位置を見当付けて、下を向いて目に当ててから太陽の方を見上げる手順で観測しましょう。

● 減光フィルターを装着した望遠鏡

屈折望遠鏡の対物レンズの直前に金属蒸着フィルターを取り付ければ、熱線カットや減光に最良です。

● 金環日食

月が太陽に完全に重なりますが隠しきれず、リング状にはみ出して見える日食です。皆既日食のようなコロナは見えません。

● 皆既日食

太陽が月によって完全に隠される日食です。黒い太陽の周りに真っ白なコロナが広がって見える、すばらしい光景です。

太陽観測衛星の画像で太陽観察

直接太陽をのぞくことができる太陽観測専用の望遠鏡を持っていないという人でも、太陽観測衛星の画像で太陽を安全に観察することができます。下は太陽観測衛星SOHOによる画像です。さらにその下のSOHOの画像は驚きです。太陽コロナが写っていながら星空も写っています。

すばるなどを通過するのもくっきり、太陽に接近し吸い込まれていく彗星もしっかりと写っています。NASAのページからは、このような過去の太陽や彗星の画像も確認することができます。

SOHOがとらえたCME（コロナ質量放出）

SOHOの画像では、太陽面で起こった爆発現象など、ダイナミックな太陽の姿を見ることができます。このような大規模な現象では、地球に磁気嵐が訪れることがあります。
（画像：NASA,ESA,SOHO Consortium）

SOHO がとらえた太陽と彗星

2013年に地球に接近したアイソン彗星が太陽を通り過ぎていく様子がしっかりと写っています。SOHOのコロナグラフという観測装置で撮影されたものです。
（画像：ESA,NASA,SOHO,SDO,GSFC）

天体望遠鏡を使った撮影

いろいろな撮影法を知ろう

天体望遠鏡を使って撮影する方法には大きく分けて3種類あります。一つは天体望遠鏡を望遠レンズのように使う「直接焦点撮影」、もう一つは天体望遠鏡の対物レンズや主鏡の焦点距離を接眼レンズなどを使って数倍に引き伸ばして撮影する「拡大撮影」、そしてレンズを着脱できないカメラで接眼レンズをのぞくようにして撮影する「コリメート撮影」です。

それぞれ撮影する対象によって、適した撮影方法は異なります。撮影に使うカメラや天体望遠鏡の組み合わせは無数にあります。

直接焦点撮影

望遠レンズのように天体望遠鏡の接眼部に直接カメラボディを取り付けて撮影する方法です。天体望遠鏡には接眼レンズを付けず、カメラにもレンズを付けない状態で撮影します。

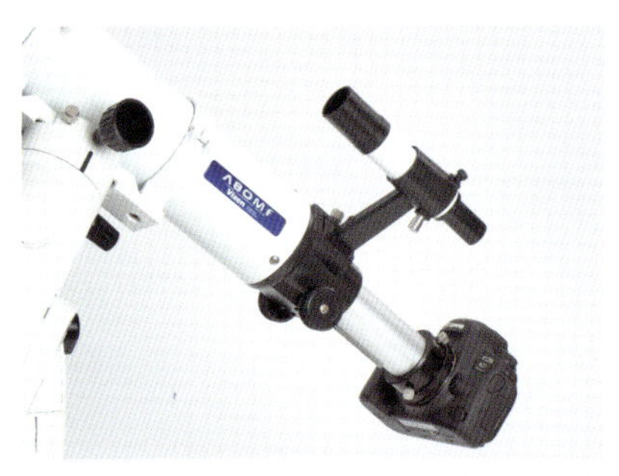

望遠鏡とカメラの接続

左から、望遠鏡接眼部接続リング、カメラマウント（Tリング）、デジタル一眼レフカメラ

拡大撮影

　天体望遠鏡の対物レンズが結ぶ像を接眼レンズで拡大投影して撮影する方法です。天体望遠鏡には接眼レンズを付けますが、カメラにはレンズを付けない状態で撮影します。

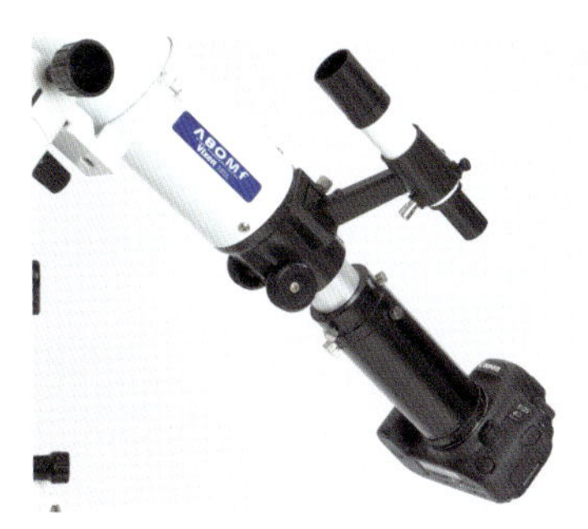

● 望遠鏡とカメラの接続

左から、望遠鏡接眼部接続リング、接眼レンズ、拡大撮影用カメラアダプター、カメラマウント（Tリング）、デジタル一眼レフカメラ

コリメート撮影

　目で天体望遠鏡をのぞくように、レンズを外すことのできないカメラで接眼レンズをのぞかせて撮影する方法です。コンパクトデジカメやスマートフォンなどレンズが一体化したカメラを使います。

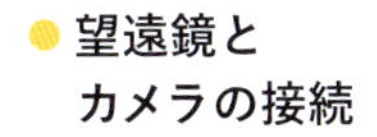

● 望遠鏡とカメラの接続

左から、接眼レンズ（Tリング）、コリメート撮影用カメラアダプター、コンパクトデジタルカメラ

カメラのいろいろ

どんなカメラでも工夫しだいで天体撮影に使えますが、一通りの撮影を1台でまかなうとすれば、やはりレンズ交換式のデジタル一眼レフカメラがおすすめです。しかし、撮影対象によっては、一眼レフよりも使いやすいもの、好結果が得やすいものもあります。動画を撮影したり、動画から静止画像を作成することもできます。また、スマートフォンでも気軽な撮影が可能になってきました（スマートフォンの撮影についてはp124-125で解説します）。

デジタル一眼レフカメラ

ほとんどの天体を高画質で撮影できます。何か1台用意するのなら、デジタル一眼レフがおすすめです。動画撮影機能も月・太陽・惑星の撮影に使えます。

コンパクトデジタルカメラ

高感度に設定して1分以上の露出ができるものなら、何とか星空も撮影できます。コリメート法で月や惑星の拡大撮影ができます。動画撮影ができれば月・太陽・惑星の撮影に使えます。

ミラーレス一眼カメラ

バルブに露出時間制限がある機種は、長時間露出は得意ではありません。動画撮影機能は充実しており、月・太陽・惑星の撮影に便利です。

高倍率ズーム付デジタルカメラ

焦点距離が1000mmを超えるような高倍率のズームレンズ付カメラでは、月や惑星の撮影が楽しめます。

手持ち撮影

専用アダプターがなくても、コンパクトデジカメを天体望遠鏡の接眼レンズに当てがうなどして、気軽に撮影を楽しむことができます。

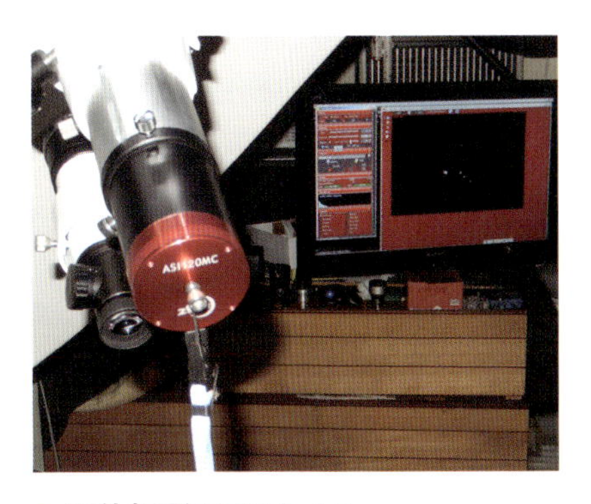

天体撮影用PCカメラ

撮影操作にはパソコンが必須です。写真のCMOSカメラなども専用アダプターで望遠鏡に接続すれば安定した画像をとらえることができます。月・太陽・惑星を動画撮影するのに向いています。

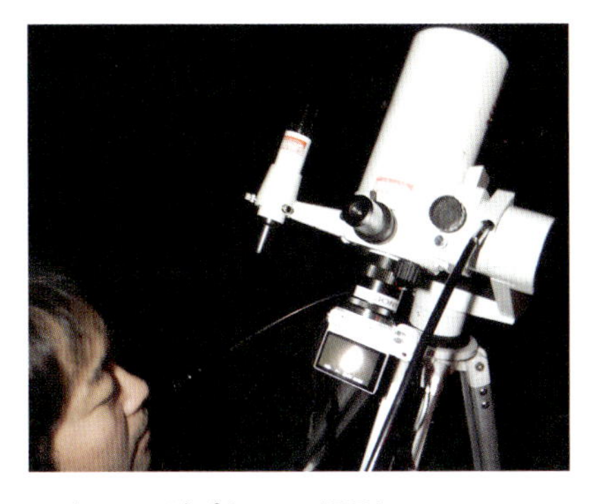

専用アダプターで撮影

専用アダプターがあれば、スローシャッターでも手ブレなしで撮影できます。自分のカメラに合ったものを使用します。

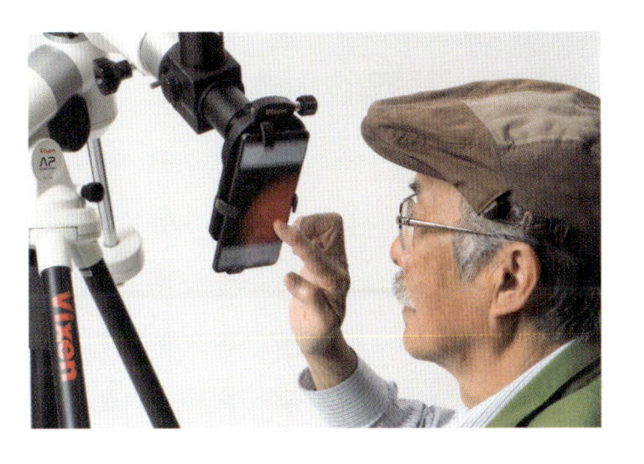

スマホでも天体写真が撮れる？

スマートフォンでも、きれいな天体写真が撮影できる時代になりました。くわしくは124ページをご覧ください。

スマートフォンでの撮影

スマートフォンのレンズを天体望遠鏡にのぞかせることで、月や惑星などの天体を撮影することができます。スマートフォンカメラ用アダプターは、光軸を合わせた状態を維持しながら手軽に天体の細部まで撮影ができるので、とても便利な道具です。アダプターにスマートフォンを固定する際は、レンズに傷が付かないよう注意しましょう。

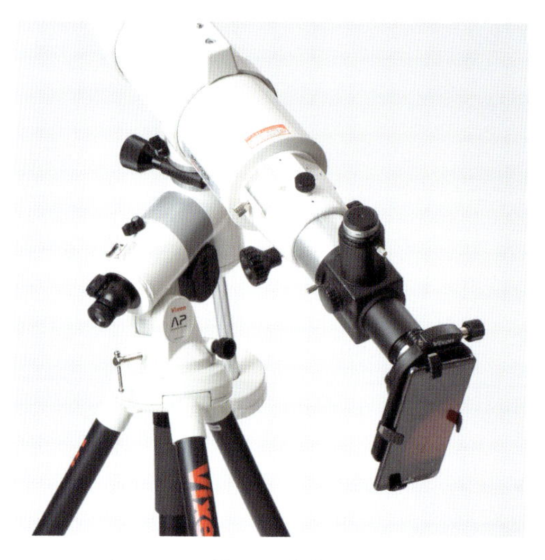

スマートフォンを使用した撮影のセッティング

最近はスマホでも容易く天体を拡大撮影できます。スマートフォン用カメラアダプターも各種市販されています。

スマートフォン用のカメラアダプター

専用アダプターを使用すれば目的天体を中央に、そして手ブレもないすばらしい写真がゲットできます。使いたい望遠鏡やスマートフォンで問題なく使えるか、確認してから購入するのがよいでしょう。

スマートフォンで撮影した月

月面は真っ先に撮影してみたい対象です。月齢順に撮ったり、最近話題のスーパームーンなどを撮影してみたりするのもおすすめです。

スマートフォンでの作例

● 土星

いまひとつの映像ですが、65cm反射望遠鏡の接眼部に当てがって土星を撮影してみました。

● 木星

木星の映像です。小型望遠鏡でも専用アダプターを取り付ければ、4個のガリレオ衛星も写ります。

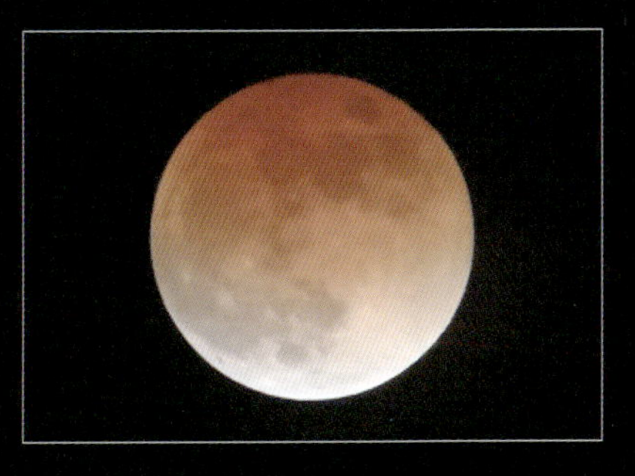

● 皆既月食

皆既月食中の赤銅色に染まった月を、専用アダプターに取り付けてスローシャッターで撮影してみました。

● M42

星の村天文台の65cm反射望遠鏡の接眼部に当てがって撮影しました。

● 天の川

スマホの機種によっては30秒の長時間露出も可能になり、天の川もこのとおり写ります。

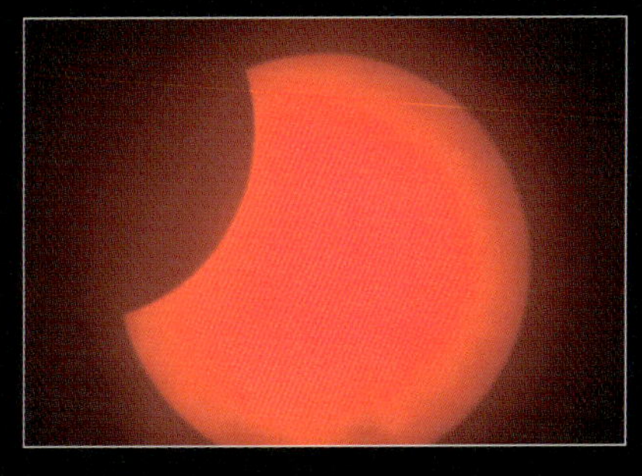

● 部分日食

2019年1月6日に起きた部分日食を8cm屈折望遠鏡で連続撮影した写真の一部、食分最大時の写真です。

ガイド撮影とは

天体望遠鏡の使い方がわかってきたら、今度は天体の写真を撮りたくなるものです。天体望遠鏡を載せる架台には「経緯台」と「赤道儀」があることをすでにお話ししました。天体望遠鏡で星を点像に写すには、天体の動きを追いかける赤道儀が必要です。この赤道儀を使用した撮影法を「ガイド撮影」といいます。ガイド撮影を行なうと、肉眼では、ぼんやりとしか見えないような星雲や星団を美しく撮ることができます。

天体望遠鏡の鏡筒バンドには、自由雲台が取り付けられ、カメラを載せることができます。星の動きを追わない固定撮影で撮影すると、星の動きがそのまま線状に写りますが、ガイド撮影の場合は星が点像です。カイド撮影には、カメラレンズで星空を撮影する方法と、天体望遠鏡にカメラボディを取り付け、天体望遠鏡を望遠レンズのように使い、天体を拡大してガイド撮影する方法があります。

● 南十字星付近の天の川

南十字星付近の天の川をニュージーランドで撮影しました。海外遠征用の小型の赤道儀にカメラを取り付けて撮影しています。

● **アンドロメダ銀河**

20cmの反射望遠鏡で直接焦点撮影したアンドロメダ銀河。ISO感度は3500で露出は15分です。

● **M41(オリオン大星雲)**

空の暗い場所なら肉眼でもみることのできるM42は絶好の撮影対象です。

● **M45(すばる)**

20cmの反射望遠鏡で直接焦点撮影したM45(すばる)です。すばるの一つ一つの星の美しい輝きが写真からわかります。

天体のスケッチ

天体のスケッチには、写真撮影とは違った楽しみがあります。だれもが絵心は持っているものです。カメラ機材がないときには、メモ気分で望遠鏡をのぞいた天体をスケッチしておくのもよい記録になります。天体スケッチの対象としては、太陽黒点、惑星、月面、星雲や星団などが代表的なものです。

天体のスケッチに必要なもの

まず、鉛筆を用意します。硬さはHB、2B、3Bを用意すればよいでしょう。このほかに「さっ筆」という和紙を丸めて鉛筆状にした仕上げ用具も用意すると便利です。

スケッチ用紙は、表面がザラザラしていないものがよいでしょう。白いケント紙か画用紙がおすすめです。あらかじめ天体望遠鏡の視野円やスケッチの際の必要なデータを記入する欄を設けた、専用のスケッチ用紙をプリンターやコピーで作っておくと便利です。また、白黒を逆に描きたい場合には、黒いケント紙か黒

● **天体スケッチに使う道具**

著者がスケッチに使っている道具の一例です。ボカシに使う「さっ筆」が手に入らないときは、ふつうの紙を丸めたものや綿棒で代用できます。

い画用紙を使い、白鉛筆で描きます。

スケッチを描くことを念頭に天体望遠鏡の視界を観察する習慣がつくと、以前は気が付かなかった部分まで星を見るようになります。

スケッチの手順

スケッチは楽な姿勢で天体望遠鏡をのぞいて行ないます。苦しい姿勢で天体望遠鏡をのぞいていては、視界をじっくり観察する余裕がなくなるので、詳しい様子を見落としがちになります。

星雲・星団のスケッチの場合、初めに視界全体をぐるりと見渡し、星雲・星団の周りに見える明るめの恒星をスケッチ用紙にHBの鉛筆を使いプロットします。そしてそれらの恒星に対する星雲・星団の位置を天体望遠鏡をのぞいて確かめ、デッサンの要領で描いていきます。続いて、視界に確認できるくらい星を描き、星雲・星団の細かな濃淡を描き込みます。

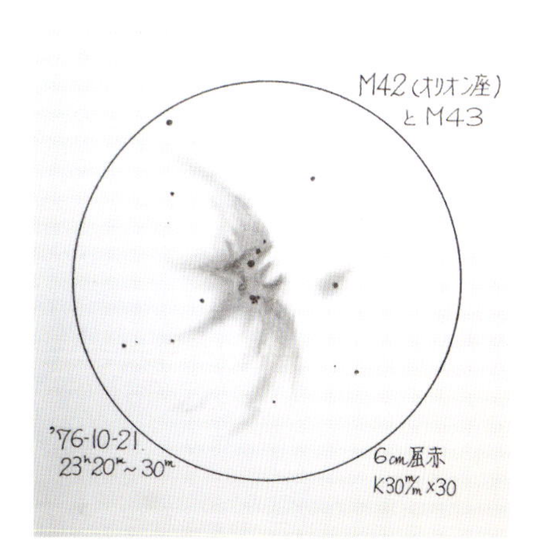

モノクロのスケッチの例

オリオン座の星雲M42とM43のモノクロのスケッチです。使用した光学系やスケッチした日時などのデータを併せて書き込んでおきます。右の写真と見くらべてみてください。

オリオン座の撮影例

写真に撮ると、目に見えないほど暗い星雲の淡い広がりや暗い星も記録されます。

カラーのスケッチの例

いて座にある三裂星雲のカラースケッチです。暗闇の中でスケッチ用紙を照らす際は、調光用にビニールテープを重ねるのがおすすめです。

天体望遠鏡の保管とメンテナンス

天体望遠鏡は長年使っていると、ホコリをかぶったり夜露が付いたりしてしまい、その性能を充分発揮できなくなります。そこで、ベストコンディションに保つために保管や手入れ、点検を怠らないようにしましょう。天体望遠鏡は、夏休みや冬の夜空のきれいなシーズンにはとくに出番が多くなりますが、梅雨どきなどは使用せずしまいがちです。使用しないときの保管状態が、次に使うときの使い勝手の良さにつながります。

メンテナンスとは、保守点検、あるいは正しい使い方や日常の手入れです。メンテナンス方法は天体望遠鏡の取り扱い説明書に書かれていますので、まずこれをよく読んで、その手順に従いましょう。メンテナンスを怠ると故障の原因になることもあります。

保管については、以下の点について注意しましょう。

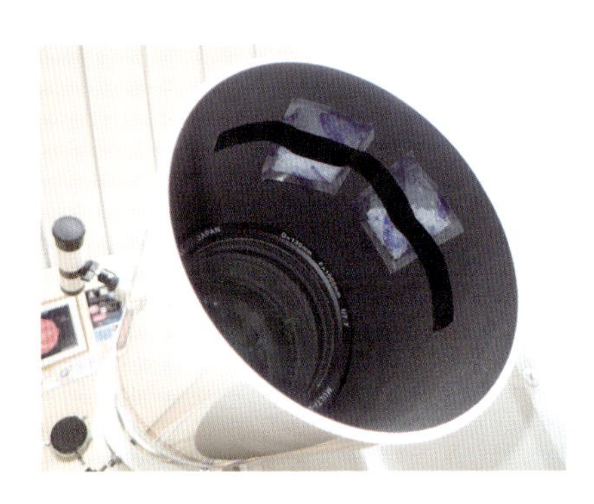

カビに注意

屈折、反射望遠鏡にはフードの中や蓋の内側に乾燥剤をビニールテープなどで貼り付けておくと安心です。とくにシュミットカセグレンの場合には、蓋の内側に多めに乾燥剤をセットしましょう。

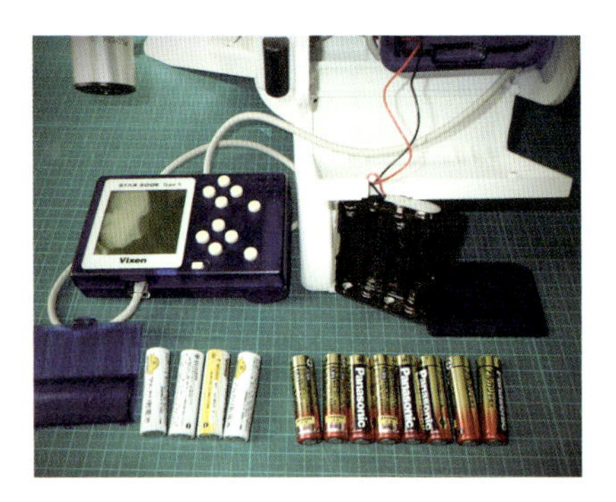

バッテリーは外す

観測したあと、バッテリーは現場で、少なくとも帰宅したあとに必ず外すようにします。湿った状態で放置すると電池ボックスの端子が腐食し、故障の原因になります。

カビに注意

光学系の性能を保つことが一番大切なのですが、意外にカビが発生しやすいので、必ず乾燥剤を使って保管するようにしましょう。

電池の液漏れに注意

モータードライブや天体導入用のコントローラーなどのバッテリーは、長時間使う予定がない場合は電池ボックスから電池を抜いて、液漏れがないようにしましょう。また、バッテリーは高温多湿にならない場所に保管します。

太陽光線に注意

天体望遠鏡や接眼レンズ類を、裸のままで直射日光の当たるところに放置してはいけません。火災の発生原因になる可能性があるからです。また、持ち運ぶことが多いときはホコリ除けカバーをして、邪魔にならない場所に置くようにしましょう。

保管用ケースはきれいに

接眼レンズや小物入れは，ポリ容器などを利用するとよいでしょう。ただし、出し入れ時に小さなゴミやホコリが入るので、内部はつねにきれいにしておくようにします。

ケーブル類はまとめておく

観測が終わったあとは、少し面倒でも使った道具がバラバラにならないようひとまとめにして、バッグや箱にしまいましょう。

接眼レンズの保管

接眼レンズや天頂ミラーやフィルターなどは、カビ防止剤を入れたアクセサリーボックスなどで保管しましょう。利用できそうなボックス類はホームセンターなどでも見つけられます。手に入れるのがむずかしくなりましたが、フィルムケースも保管用のケースとしては便利です。

鏡筒のメンテナンス

レンズや鏡は汚れと湿気を嫌いますし、ホコリが付かないように心がけるのが第一ですが、ホコリが付いてしまったら、早めに清掃をしましょう。付いたホコリはブロアーで吹き飛ばします。そして指紋を付けるのもよくありません。湿度が高い場所に長時間置いておくとカビが生えることがあります。

カビの発生に気がつき、早めにクリーニングを行なえば、コーティングがはがれるだけですみますが、カビが大きく成長してしまうと、レンズ表面にカビが食い込んで跡を残してしまいます。鏡筒を保管しておく場所を決め、できれば温度の変化が少なく、ホコリや湿気をシャットアウトできるようにしましょう。

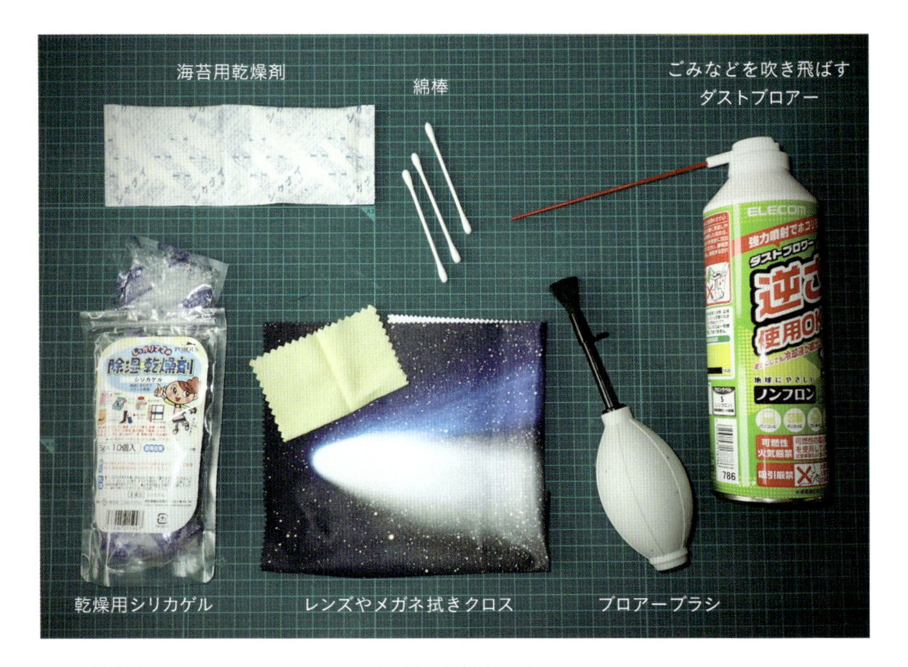

天体望遠鏡のメンテナイスに必要な道具たち

もし望遠鏡が湿ってしまったら、レンズや凹面鏡などにドライヤーの熱風を当てるとゆがみなどの原因になりますから、遠く離し、ゆっくりと乾燥させましょう。また溶剤、石油系のクリーナーで鏡筒などを拭かないでください。コーティング剤がはがれてしまいます。

架台のメンテナンス

架台は結露による機械部分のサビの発生が心配です。また、ギアなどには噛み合わせをよくするために潤滑剤のグリスが塗ってありますが、湿気を吸ってしまうと変質してしまい、機能しません。また、ホコリや塩分も架台に影響をおよぼします。

回転部分はスムーズに動いて硬くなっていないか、動きに遊びがないか、クランプはしっかり留まってガタツキがないかなどを確認しておきましょう。またモーターについては、天体望遠鏡の駆動時など、音に注意して確認しましょう。異常が見つかったときは自分でもメンテナンスできる場合がありますが、不具合の原因が不確かなときはメーカーにオーバーホールを依頼しましょう。

モーターの音がしていても、モーター内部が故障している場合があります。

望遠鏡カバー

観測休止中や天体望遠鏡を保管する場合には、大きなビニール袋やメーカー製のカバーを使用しましょう。

反射鏡の洗浄の手順

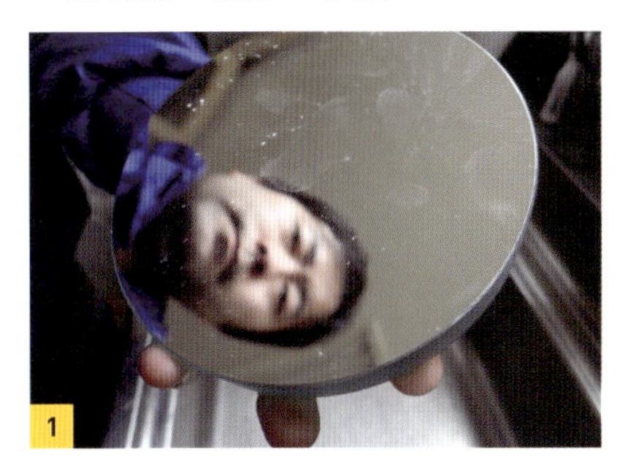

1

ニュートン式反射望遠鏡は鏡筒の筒先が開いているので、注意していてもホコリなどが付きやすいので、定期的に清掃が必要です。

2

まずは、水道で水を流し、その流水で鏡面に付いたホコリなどを洗い流します。

3

汚れがひどいときには、石けん水の中に浸したり、食器洗い用などの液体洗剤をかけ、軽くなでるようにして洗います。

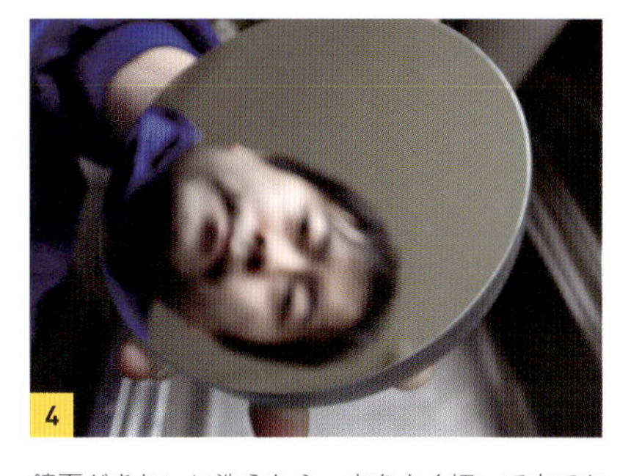

4

鏡面がきれいに洗えたら、水をよく切って立てかけ、そのまま自然乾燥します。その際、鏡面が転がったり倒れたりしないように注意しましょう。

天体望遠鏡を正しく調整しよう

光軸調整

天体望遠鏡のピントをしっかり合わせたつもりなのに、恒星や惑星がくっきり見えない。天体望遠鏡は外気に充分慣らしたし、大気の揺らぎも小さく、シーイングも良さそうなのにどうしてだろう？ そんなときは天体望遠鏡の光軸にズレがないか調べてみましょう。

光軸とは、天体望遠鏡を構成するレンズやアイピースなどの光学系に対して垂直で、中心を通る線のことをいいます（右ページ上の図）。光軸は天体望遠鏡の運搬時の振動や、組み立てるときにショックを与えてしまったときなどでもズレてしまうことがあるので、光軸を調整する方法を知っておくことは大切です。

もし天体望遠鏡の対物レンズや対物主鏡が傾いて取り付けられていると、天体望遠鏡の本来の性能が発揮できず、像がぼやけていたり、像が歪んで見えることがあります。

ただし、一般的な天体望遠鏡では、対物レンズや対物主鏡の傾きを調整するための機構が備わっていますので、ここでは光軸がズレていないか判別す

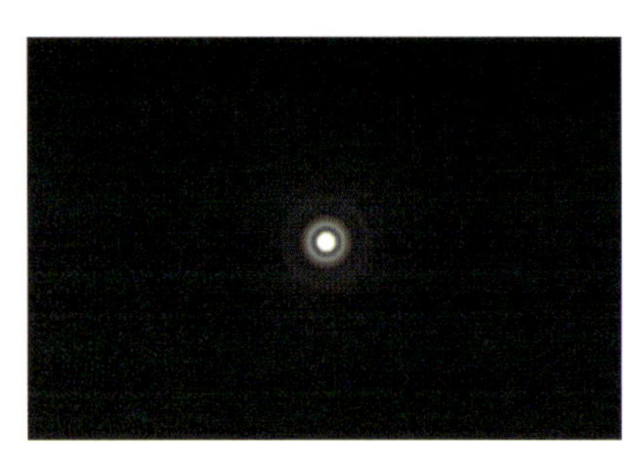

ディフラクションリング

シーイングが良いときに有効最高倍率で見た恒星像（写真左）。光軸が合っていると、くっきりとした点状の星像を中心に偏りなくディフラクションリング（同心円状に見える光の回析によってできる像）が見えています。光軸がズレていると、星像がボケたり、尾を引いているように伸びたりして見えます（写真右）。またディフラクションリングにも偏りがあり、はっきり見えません。

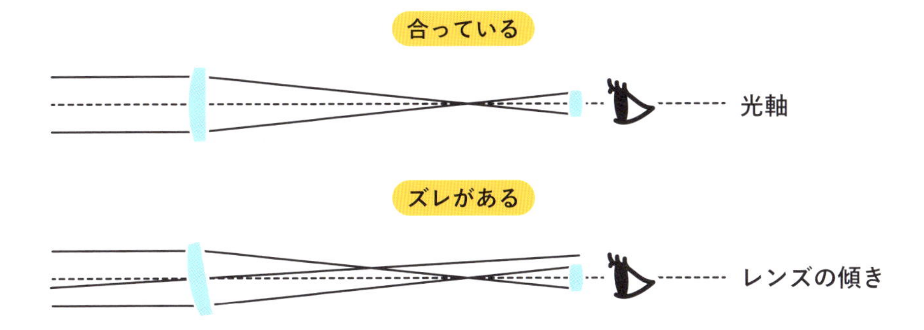

● **光軸のズレ**　上は対物レンズとアイピースの中心を通る光軸が合っている状態。
下は対物レンズが傾いているためアイピースとの光軸がズレている状態。

る方法と、もしズレてしまった場合の調整法の概要を紹介します。

なお、光軸の最終調整は、大気の揺らぎの小さいシーイングの良い夜に、恒星を高倍率で観察しながら行ないましょう。そうすることでさらに精度良く光軸調整が行なえます。

光軸調整の詳細な方法は天体望遠鏡の光学系によって異なりますので、実際の調整は取扱説明書を参照してください。また、天体望遠鏡によっては、光軸調整が必要な場合はメーカーに返送するよう推奨しているものもありますので、注意が必要です。光軸のよく合っている望遠鏡で見る星は別格です。

● **光軸が合っている像（左）とずれている像（右）**

シーイングが良いときに有効最高倍率で見た惑星像（写真左）。光軸が合っていると、大気の揺らぎが収まった瞬間に、惑星の表面模様がくっきりと見えます。惑星の輪郭（リム）もくっきり見え、詳細な模様がよくわかります。光軸がズレていると、大気の揺らぎが収まった場合にも、表面模様がぼやけて詳細な模様は見えません（写真右）。惑星の輪郭もはっきりせず、明るさに偏りがあるようにも見えます。

屈折望遠鏡の光軸調整

屈折望遠鏡の光軸調整は、対物レンズが収められたレンズセルの傾きを調整することで行なえます。レンズセルには、3対の押しネジと引きネジのペアが設けられ、これらで対物レンズの傾きを調整することができます。また、レンズセルの側面にセルに対してレンズの中心位置を調整（芯出し）するネジが設けられているものもあります。

ただ、最近の屈折望遠鏡は、高精度に加工されたレンズセルに対物レンズを収めることで、光軸調整機構を省いたものが多いようです。

屈折望遠鏡の光軸がズレているかどうかを大まかに知るには、光軸調整用のコリメーションアイピースを使います。このアイピースにレンズはなく、中心にピンホール（穴）が空けられています。側面には採光窓と、スリーブ側から見てドーナツ状に見える反射板が取り付けられています。対物レンズにキャップを付けた状態でこのアイピースを取り付け、採光窓にライトなどで光を当てながらのぞくと、視野の中央にドーナツ状の反射板が見えます。この像を注意深く観察してみると、対物レンズで反射してできた倒立像（実像）と正立像（虚像）の2つの反射板が重なって見えることに気が付きます。この2つの像が同心円状に重なって見えていれば光軸は合っています。ズレがある場合は、光軸調整機構を使って2つの像が重なって見えるよう調整します。

● **光軸調整機構のない屈折望遠鏡**

（上）光軸が合っている場合の恒星像とその焦点内外像
（下）光軸がズレている場合の恒星像とその焦点内外像

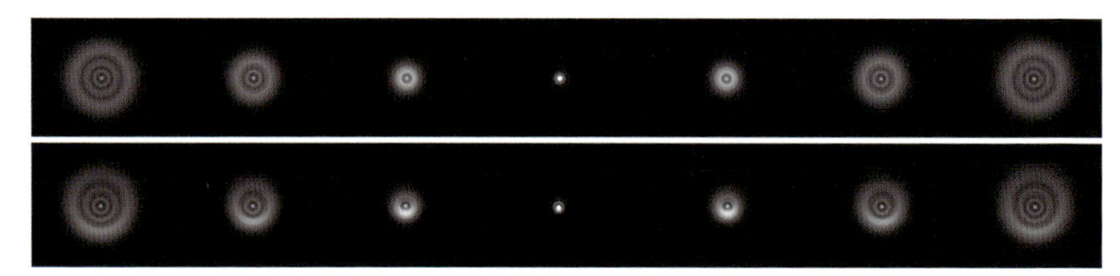

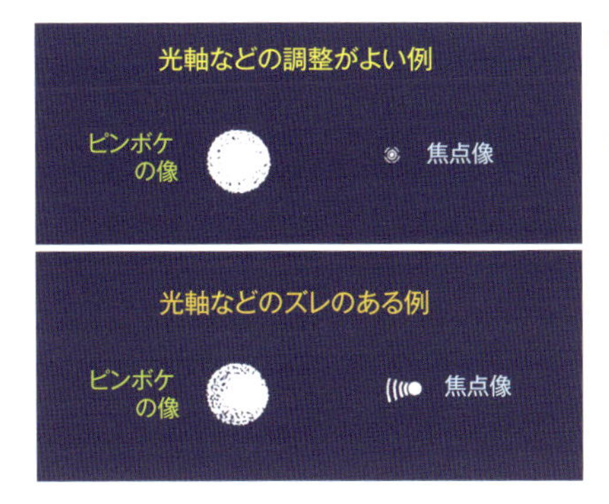

屈折望遠鏡のピント合わせ

ピント合わせノブを操作すると、ドローチューブが出入りしてピントが合ってきます。直視方向で観察する場合と、天頂ミラーを使って90°俯視で観察する場合では、ピントの合う位置が違ってきます。屈折望遠鏡の視界の中心でとらえた恒星の像は、ピントが合うと鋭い点像に見えます。ぼかすと丸い光芒になります。ただしシーイングが悪いときは、点像がボケたり、激しく揺れ動いたりします。ピントを細かく前後にぼかして、焦点の前後の恒星像をくわしく観察してみましょう。このとき、視界の中心でとらえたピントの合った恒星像に、まるで彗星の尾のような淡い光芒が見えたら、レンズが傾いていたりして狂っている可能性があります。そのようなときはメーカーに相談して調整して直してもらいましょう。

ニュートン式反射望遠鏡の光軸調整

光軸調整用の
コリメーションアイピース

ニュートン式反射望遠鏡の光軸調整は、対物主鏡（主鏡）が収められたレンズセルと平面副鏡（斜鏡）の傾きを調整することで行なえます。主鏡セルには、3対の押しネジと引きネジのペアが、斜鏡のセルには1本の引きネジと3本の押しネジが設けられていて、これにより光軸調整を行なうことができます。

主鏡や斜鏡に中心を示すマークがあると、光軸調整をより正確に行なえるようになります。マークが付いていない場合は、自身でマーキングするとよいでしょう。

ニュートン式反射望遠鏡の光軸調整は、まず斜鏡の傾き調整から始めます（斜鏡が鏡筒に対して中心に取り付けられていることを確認しておきます）。

コリメーションアイピースを接眼部に取り付けてのぞくと、斜鏡に映った主鏡が見えています。光軸がズレていると、次ページ下の図のように斜鏡や主鏡が同心円状に見えず、ズレているように見えます。

このような場合、まず斜鏡に映った主鏡のセンターマークが斜鏡の中心にくるよう斜鏡セルの3本の押しネジを使って調整します。ただし、口径比の小さな望遠鏡によっては斜鏡が偏心して取り付けられているものもありますので、注意してください。

次に、主鏡の傾きを調整して、主鏡に映っている斜鏡を主鏡の中心に映るよう調整します。

また、レーザー発振器(レーザーコリメーター)を使って簡易的に光軸調整を行なうこともできます。

まず接眼スリーブに挿入したレーザーコリメーターが主鏡のセンターマークを指すように斜鏡を調整し、次に主鏡で反射したレーザーがコリメーターの発振位置に正確にもどるよう、主鏡の傾きを調整します。望遠鏡を毎回移動して使うので光軸がズレてしまうことが多い、という人は使ってみてもよいでしょう。

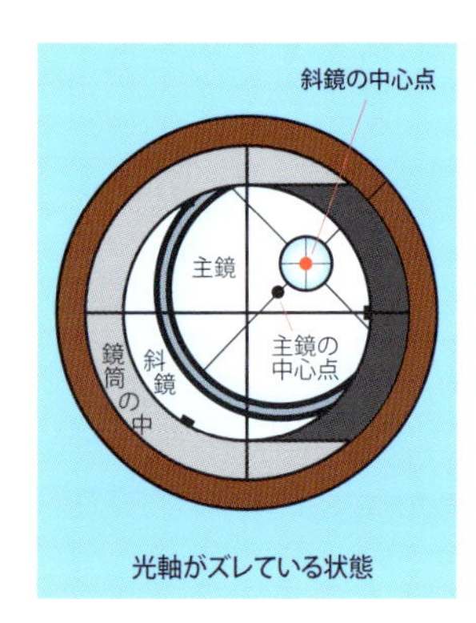

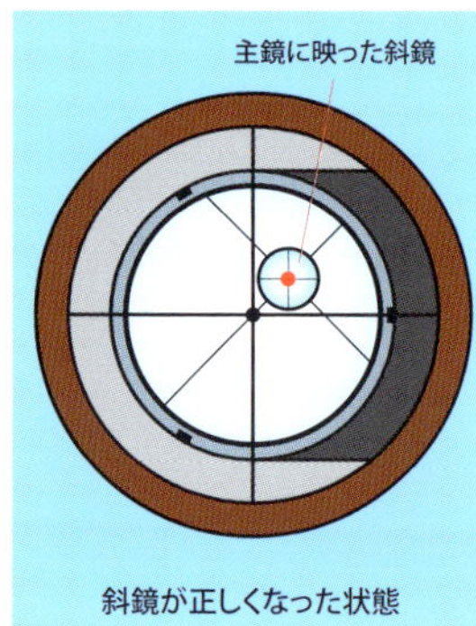

光軸調整

主鏡と斜鏡の中心にフェルトペンでマークを入れると、光軸調整がやりやすくなります。直接見えるマークと映り込むマークが、すべて重なって見えるように調整します。ただし、口径比がF6やF4などの明るいニュートン式反射望遠鏡の場合は、斜鏡をわざとズラした位置に取り付けてあるので、これよりもマークが少しズレた位置で光軸が合います。説明書などに詳しく書いてありますので、よく読んでおきましょう。

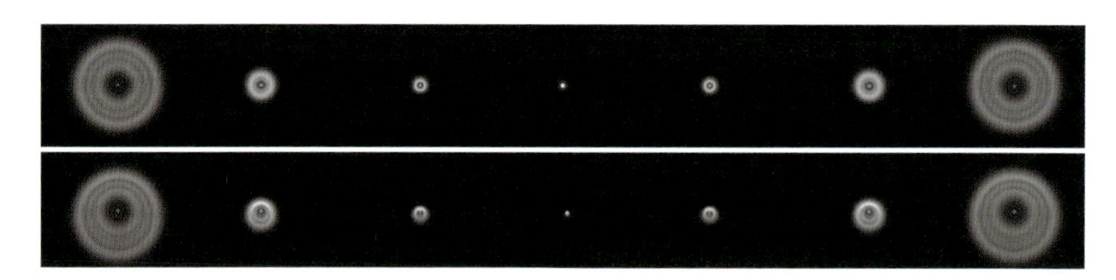

(上)光軸が合っている場合の恒星像とその焦点内外像
(下)光軸がズレている場合の恒星像とその焦点内外像

主鏡の中心位置を示すセンターマーク

この部分は斜鏡の影に入っているので、見え方に影響はありません。

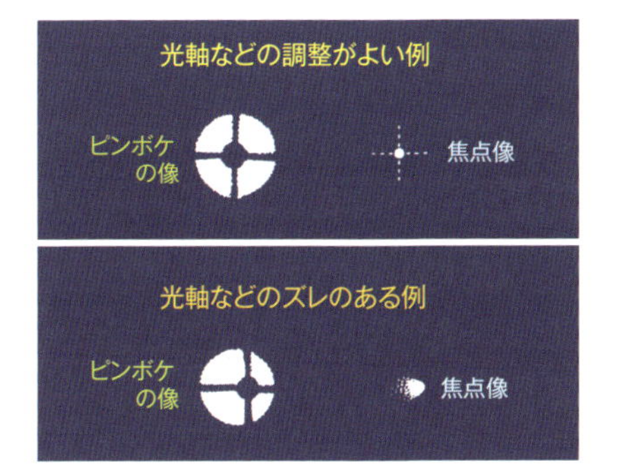

ニュートン式反射望遠鏡のピント合わせ

ニュートン式反射望遠鏡のピンボケの恒星像は、図のようにドーナツ状の光芒に見えます。よく見ると斜鏡を支えているスパイダーの影も見えます。ピントが合ってくると、次第にドーナツ状ではなくなり、完全にピントが合うと鋭い点像が見えます。
ピントを前後に細かく動かして、スパイダーの影が図のように偏っている場合は、主鏡や斜鏡が傾いてしまっていて光軸が狂っている可能性があります。このようなときは自分で再調整するか、機種によってはメーカーに相談して再調整してもらいます。

光軸調整機構

主鏡を収めたセルに設けられた3対の押しネジと引きネジのペアで、対物主鏡セルの傾きを調整できます。

光軸調整機構

3本の押しネジを調整することで、斜鏡の傾きを調整できます。

カセグレン式＆シュミットカセグレン式望遠鏡の光軸調整

カセグレン式望遠鏡の光軸調整は、副鏡と主鏡に設けられた光軸調整機構で調整します。副鏡に非球面鏡が採用されたカセグレン系は副鏡の小さなズレが性能に大きく影響するので、メーカーに調整してもらうのが無難です。ここでは比較的光軸調整が容易なシュミットカセグレン式望遠鏡の光軸調整を紹介します。この天体望遠鏡は、シュミット補正板の中央にある副鏡の光軸調整機構で、3本の押しネジを使って副鏡の傾きを調整します。主鏡の傾き調整機構は省略されているものが多いようです。また、補正板と副鏡を清掃のために取り外す場合は、取り付け位置を確実に再現できるようマーキングするなどしておきましょう。

光軸調整は明るい恒星を実際に見ながら調節します。恒星を視野の中心に導入し、ピントを大きくぼかすとドーナツ状の恒星が見えます。中心の穴は副鏡の影によるもので、ドーナツ状の恒星像が同心円状になるよう、副鏡の光軸調整機構で調整します。傾き調整のネジを回すと恒星の位置も大きくズレるので、少しずつ調整するように

● シュミットカセグレン式望遠鏡の光軸調整機構の例

シュミット補正板の中央にある副鏡の傾きを調整する3本の押しネジが見えています。

してください。ズレた恒星像を視野の中心にもどして調整することを繰り返し、同心円状に見えるよう調整していきます。

最後に望遠鏡の倍率を上げて、恒星像にピントが合う前後の像を見ながら調整をすることで、さらに精度良く光軸を調整することができます。

恒星のピンボケ像を使ったシュミットカセグレンなどの光軸調整の手順

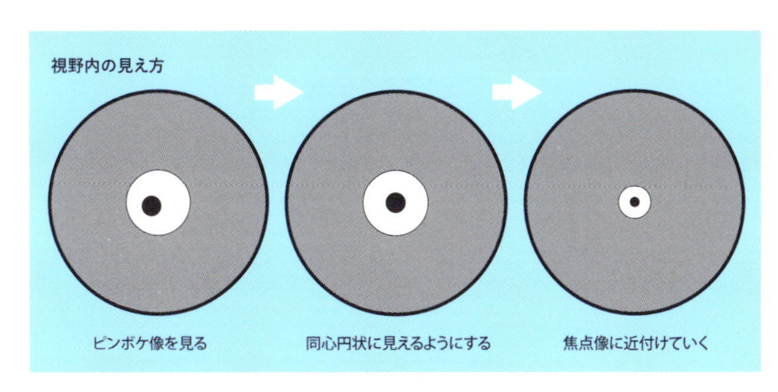

恒星のピンボケ像に見える偏った影が真ん中に寄ってくるように副鏡の傾きを調整します。同心円に見えるようになったら、ピンボケ像を小さくしたり倍率を上げたりして、さらに影の偏りをきびしく調整して直します。

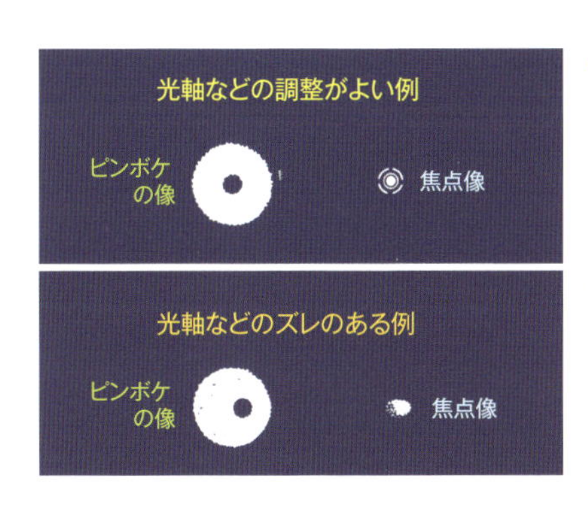

シュミットカセグレン望遠鏡のピント合わせ

シュミットカセグレン望遠鏡のピント合わせ装置は少し変わっています.87ページのように、接眼スリーブのよう横にノブがあり、このノブを操作すると、鏡筒の中で主鏡が前後に動いてピントを合わせる仕組みになっています。ピントを前後に動かして恒星像を観察してみると、ピンボケでは恒星像はドーナツ状の光芒の中に見える影は福鏡の影です。この影が偏って見えたら副鏡が傾いている証拠です。そのようなときは、副鏡にある3本の調節ネジを使って光軸を修正してやります。

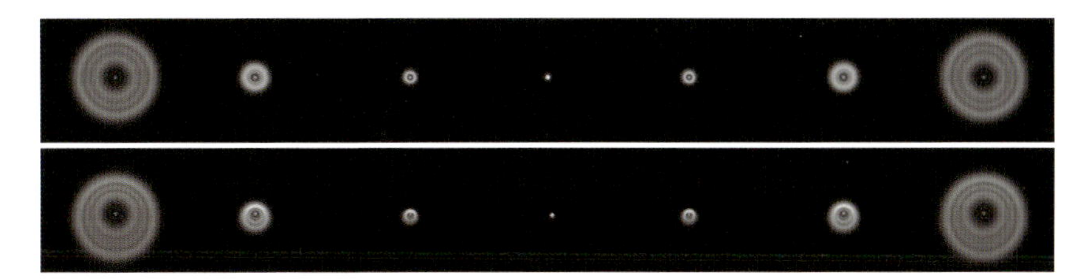

(上) 光軸が合っている場合の恒星像とその焦点内外像
(下) 光軸がズレている場合の恒星像とその焦点内外像

望遠鏡の移動と保管について

望遠鏡の移動と保管

天体観測をしていると、すばらしい星空が見られる郊外や海、山などで観測してみたいと思うようになるでしょう。インターネットで検索すると天文ファンが多く集まる有名な星空観望のスポットも多く紹介されています。

すぐ出かけられるよう、ふだんから天体望遠鏡やそのパーツ、小物類は衣装ケースやトランクケースなどにパッキングして保管しておくとよいでしょう。段ボール箱などは避け、開閉をロックできて夜露に濡れても大丈夫な素材のものを選びましょう。

天体望遠鏡は組み立てたまま運ぶのは避けます。車の振動などの影響を受けないよう、緩衝材などを使って、鏡筒や架台、三脚、アイピースや電源などの小物類などに分け、パッキングするとよいでしょう。

車での移動

天体望遠鏡やそのパーツ、小物類はふだんからケースにパッキングしておきましょう。車で条件の良い観測地へ移動する場合は、車の振動などの影響を受けないよう、緩衝材などを使って厳重にパッキングしてください。

観測地でのマナー

天文ファンが多く集まる有名な星空観望スポットなどで天体観測をするときは、周りの方への配慮が必要です。

忘れずに用意したいのは、まぶし過ぎない小型のライトです。暗い場所で星を見ている人の目は暗順応していて、瞳孔が開いています。そんなとき、まぶしい光を見てしまうと暗順応が解かれ、しばらく周りの景色や星などが見づらくなってしまうのです。赤色は暗順応を妨げづらいので、ライトを赤色セロファンなどで覆ったり、赤色ライトを使うようにすればよいでしょう。意図せず明かりを振り回してしまいがちなヘッドライトは、観測中はとくに周囲の人に迷惑をかけないよう注意しましょう。

赤色LEDを用いたヘッドライト

自分だけでなく、周りの人の目にも優しい赤色ライトを使いましょう。

スマホの光にも注意

天体観測中は不要なライトを用いないようにします。ヘッドライトはなるべく、移動や望遠鏡の設置時のみに用います。ノートパソコンやスマートフォンの光にも注意が必要です。天文アプリの中には画面を赤色系にしてくれるナイトモードを持つものもあり、便利です。

月、星、惑星、星雲・星団、
見たい天体の見方がわかる

星を楽しむ 天体望遠鏡の使いかた

2019年 7月19日 発 行　NDC440
2024年 5月 2日 第3刷

著　者　大野裕明、榎本 司
発行者　小川雄一
発行所　株式会社 誠文堂新光社
〒113-0033 東京都文京区本郷3-3-11
電話 03-5800-5780
https://www.seibundo-shinkosha.net/
印刷・製本　シナノ書籍印刷 株式会社

ISBN978-4-416-61938-4

大野裕明
(おおの ひろあき)

福島県田村市にある星の村天文台・台長。18歳から天体写真家・藤井旭氏に師事。以降、数多くの天文現象を観測。また、多数の講演なども行なっている。また、皆既日食やオーロラ観測ツアーでコーディネートをするなど地球表面上を訪問している。おもな著書に『星雲・星団観察ガイドブック』(誠文堂新光社)、『プロセスでわかる天体望遠鏡の使い方』(誠文堂新光社) などがある。

榎本 司
(えのもと つかさ)

天体写真家。星空風景から天体望遠鏡でのクローズアップ撮影、タイムラプス動画まで、さまざまな天体写真撮影に取り組み、美しい星空を求めて海外遠征も精力的に行なう。天文誌への写真提供や執筆活動、天文関連ソフトウェア開発など多方面で活躍中。おもな著書に『デジタルカメラによる月の撮影テクニック』(誠文堂新光社)、『SKYSCAPE PHOTOBOOK 月』(誠文堂新光社刊)」がある。

撮影
青柳敏史、井川俊彦、岡本譲治

撮影協力
株式会社ビクセン、株式会社サイトロンジャパン、シュミット、株式会社高橋製作所、スターベース東京、株式会社ケンコー・トキナー、株式会社モンベル

モデル
高砂ひなた(サンミュージック ブレーン)

装丁・デザイン
草薙伸行(Planet Plan Design Works)